高等职业教育土木建筑类专业新形态教材

装配式建筑概论

主　编　石书羽　周婵芳
副主编　刘　萍　穆家峰
　　　　李鸿涛　张　宁

北京理工大学出版社
BEIJING INSTITUTE OF TECHNOLOGY PRESS

内容提要

本书根据高职高专院校土建类专业的人才培养目标和课程教学要求，结合住房和城乡建设部《"十三五"装配式建筑行动方案》文件精神，并参考国家、省颁布的相关新规范、新标准编写而成。本书立足基本概念的阐述，按照装配式建筑生产、施工、验收全工艺流程组织教材内容，以职业能力培养为目标，落实典型工作任务，共包括5个项目17个任务，项目1探寻装配式建筑历史与发展、项目2调研建筑产业化及其发展、项目3装配式建筑施工图识读、项目4装配式建筑预制构件生产与施工、项目5某项目装配式混凝土结构专项施工方案，以"工作活页"+"教材"为载体，设计了"学习情境描述+学习目标+任务书+教学组织实施与评价+学习情境的相关知识点"的教学结构，把"做中学、做中教"的思想贯穿始终，具有实用性、系统性和先进性的特色。

本书可作为高职高专院校装配式建筑相关课程教材，同时可供相关工程技术人员参考。

版权专有　侵权必究

图书在版编目（CIP）数据

装配式建筑概论／石书羽，周婵芳主编.－－北京：北京理工大学出版社，2021.9
　　ISBN 978-7-5763-0347-6

Ⅰ.①装…　Ⅱ.①石…②周…　Ⅲ.①装配式构件—概论—高等职业教育—教材　Ⅳ.①TU3

中国版本图书馆CIP数据核字（2021）第185552号

出版发行／北京理工大学出版社有限责任公司
社　　　址／北京市海淀区中关村南大街5号
邮　　　编／100081
电　　　话／（010）68914775（总编室）
　　　　　　（010）82562903（教材售后服务热线）
　　　　　　（010）68944723（其他图书服务热线）
网　　　址／http://www.bitpress.com.cn
经　　　销／全国各地新华书店
印　　　刷／河北鑫彩博图印刷有限公司
开　　　本／787毫米×1092毫米　1/16　　　　　　　责任编辑／阎少华
印　　　张／12.5　　　　　　　　　　　　　　　　　文案编辑／阎少华
字　　　数／281千字　　　　　　　　　　　　　　　责任校对／周瑞红
版　　　次／2021年9月第1版　2021年9月第1次印刷　责任印制／边心超
定　　　价／48.00元

图书出现印装质量问题，请拨打售后服务热线，本社负责调换

编写委员会

主　编　石书羽（辽宁建筑职业学院）
　　　　　周婵芳（辽宁城市建设职业技术学院）
副主编　刘　萍（辽宁建筑职业学院）
　　　　　穆家峰（沈阳职业技术学院）
　　　　　李鸿涛（抚顺市技师学院）
　　　　　张　宁（辽宁建筑职业学院）
编　委　艾嘉禾（辽宁建筑职业学院）
　　　　　齐安智（辽宁建筑职业学院）
　　　　　石林林（江苏商贸职业学院）
　　　　　王宝昌［源助教（沈阳）科技有限公司］
　　　　　张光辉［源助教（沈阳）科技有限公司］
　　　　　于　奇（亚泰集团沈阳现代建筑工业有限公司）
　　　　　张　鹤（辽宁省公路勘测设计公司）

FOREWORD 前言

　　建筑产业化是指运用现代化管理模式,通过标准化的建筑设计及模数化、工厂化的部品生产,实现建筑构部件的通用化和现场施工的装配化、机械化。其对于住房城乡建设领域的可持续发展具有革命性、根本性和全局性。《中共中央　国务院关于进一步加强城市规划建设管理工作的若干意见》提出,力争用10年左右时间,使装配式建筑占新建建筑的比例达到30%。

　　城市化进程的历史经验表明,城市化往往需要牺牲生态环境和消耗大量资源来进行城市建设。现有建筑行业发展在很大程度上仍依赖高速增长的固定资产投资规模,发展模式粗放,工业化、信息化、标准化水平偏低,管理手段落后,建造资源耗费量大,同时面临劳动力成本上升和劳动力短缺的状况。因此,综合考虑快速城市化的可持续发展问题,改变建筑业的传统生产方式,大力推进建筑产业现代化是城市可持续发展的重要战略,而实现建筑产业现代化的有效途径是新型建筑工业化,发展装配式建筑。

　　随着我国经济社会的飞速发展,建筑业作为国民经济的支柱产业,必须加大改革创新的力度,从根本上改变传统、落后的生产建造方式,加快推进产业转型发展,走可持续发展的道路。近年来,建筑产业现代化受到了各方面的高度重视并得以大力推动,呈现出良好的发展态势。建筑产业现代化的核心是建筑工业化,建筑工业化的重要特征是采用标准化设计、工厂化生产、装配化施工、一体化装修和全过程的信息化管理。建筑工业化是生产方式变革,是传统生产方式向现代工业化生产方式的转变,它不仅是房屋建设自身的生产方式变革,而且是推动我国建筑业转型升级,实现国家新型城镇化发展、节能减排战略的重要举措。发展新型建造模式,大力推广装配式建筑,是实现建筑产业转型升级的必然选择。装配式建筑可大大缩短建造工期,全面提升工程质量,在节能、节水、节材等方面效果非常显著,并且可以大幅度减少建筑垃圾和施工扬尘,更加有利于保护环境。

　　本书总结了国内装配式建筑施工等方面的经验,层次分明,通俗易懂,便于读者快速了解装配式建筑的相关知识。本书编写体现以下三个特点:

　　(1)紧贴规范标准,对接职业岗位,注重理论教学和实践教学的深度融合。教材内容紧贴生产和施工实际,注重对学生实践能力的培养,体现技术技能、应用型人才的培

FOREWORD

养要求，彰显实用性、直观性、适时性、新颖性和先进性等特点。

（2）采用活页式教材形式，讲练结合更贴合岗位实践。

（3）革新传统模式，应用 BIM 技术等，运用互联网技术和手段，将技术标准生产工艺与流程及施工技术各环节，以二维码等形式配合课堂教学和任务拓展，形成较为完整的教学资源库。

本书由辽宁建筑职业学院石书羽和辽宁城市建设职业技术学院周婵芳担任主编，主要编写分工为：沈阳职业技术学院穆家峰编写项目1，抚顺市技师学院李鸿涛编写项目2，辽宁城市建设职业技术学院周婵芳编写项目3，辽宁建筑职业学院石书羽编写项目4，辽宁建筑职业学院刘萍编写项目5，张宁、艾嘉禾、齐安智、石林林配合本书部分内容的编写和图形绘制，张光辉、王宝昌、于奇、张鹤负责项目案例的整理工作。全书由石书羽、周婵芳统稿。

本书在编写过程中，参考和引用了国内学者和同行的部分研究成果，融入了大量的企业成果经验与经典案例，亚泰集团沈阳现代建筑工业有限公司、广联达科技股份有限公司和源助教（沈阳）科技有限公司提供了较多工程实践案例及专家意见。由于时间仓促，未能对所引用的文献资料——注明，在此，我们向有关企业专家和原作者致以真诚的感谢。

由于编者水平有限，书中难免存在疏漏、不足之处，恳请广大读者批评指正。

编 者

CONTENTS 目录

项目1 探寻装配式建筑历史与发展 ………………………………………… 1

任务1.1　揭示装配式建筑的历史 ……………… 1

任务1.2　研讨装配式建筑的分类 ……………… 7

　1.2.1　按预制构件的形式和施工方法分类 …… 10

　1.2.2　按结构材料分类 ………………………… 12

　1.2.3　其他分类方式 …………………………… 13

任务1.3　探究国内、外装配式建筑的发展
　　　　　历程与趋势 …………………………… 13

　1.3.1　国外装配式建筑的发展 ………………… 16

　1.3.2　国内装配式建筑的发展 ………………… 20

项目2 调研建筑产业化及其发展 ……………………………………………… 23

任务2.1　分析建筑产业化和建筑构件产业化 …… 23

　2.1.1　建筑产品产业化 ………………………… 26

　2.1.2　建筑构件产业化 ………………………… 26

任务2.2　调查建筑产业化材料的应用 …………… 27

　2.2.1　主要的板材类型 ………………………… 29

　2.2.2　新型环保绿色材料的应用 ……………… 31

任务2.3　探讨建筑产业化基本内涵和应用优势 … 32

　2.3.1　建筑产业化基本内涵 …………………… 34

　2.3.2　建筑产业化应用优势 …………………… 35

项目3 装配式建筑施工图识读 ……………………………………………… 37

任务3.1　装配式剪力墙结构平面布置图识读 …… 37

　3.1.1　预制剪力墙外墙平面布置图识读 ……… 38

CONTENTS

  3.1.2 预制剪力墙内墙平面布置图识读……… 44

 任务3.2 **装配式剪力墙结构构件详图识读**……… 52
  3.2.1 无洞外墙板模板图识读……………… 52
  3.2.2 无洞外墙板配筋图识读……………… 56

项目4　装配式建筑预制构件生产与施工 …………………… 70

 任务4.1 **预制构件的制作与生产工艺**……… 70
  4.1.1 PC外墙板预制技术 ………………… 73
  4.1.2 模具设计与组装技术 ……………… 74
  4.1.3 预制构件生产技术操作要求 ……… 75
  4.1.4 预制构件的起吊、堆放及运输 …… 79
  4.1.5 预制构件生产质量要求 …………… 80
  4.1.6 PC外墙板制作与生产工艺综述 …… 81

 任务4.2 **预制构件吊装技术**……………… 82
  4.2.1 吊装工具准备 ……………………… 84
  4.2.2 装配式混凝土构件不同工作状态下的吊点设置 …… 85
  4.2.3 构件安装吊点 ……………………… 86
  4.2.4 吊点设置原则 ……………………… 87

 任务4.3 **预制构件安装与连接技术**……… 87
  4.3.1 预制构件安装概况 ………………… 90
  4.3.2 预制外墙板施工操作要求 ………… 90
  4.3.3 预制混凝土柱施工操作要求 ……… 95
  4.3.4 预制叠合板施工操作要求 ………… 97
  4.3.5 装配式混凝土叠合梁施工操作要求 … 99

 任务4.4 **PC安装与管线预埋**……………… 99

CONTENTS

  4.4.1 管线敷设与安装 …………………… 101
  4.4.2 卫生间排水系统 …………………… 102
  4.4.3 机电安装操作要求 ………………… 103
 任务4.5 PC 装饰与节点处理 …………………… 104
  4.5.1 PC装饰与工程特点 ………………… 107
  4.5.2 装饰内容与做法 …………………… 107
  4.5.3 装饰施工操作要求 ………………… 108
 任务4.6 预制装配式住宅产品保护 …………… 112
  4.6.1 产品保护要求 ……………………… 115
  4.6.2 产品保护措施 ……………………… 115
 任务4.7 质量验收划分与标准 ………………… 117
  4.7.1 验收程序与划分 …………………… 119
  4.7.2 PC构件验收方法与标准 …………… 120
 任务4.8 预制构件常见的质量通病及
     预控措施 …………………………… 125
 任务4.9 预制装配式住宅安全施工与
     环境保护 …………………………… 158
  4.9.1 安全技术要求 ……………………… 161
  4.9.2 安全防护与措施 …………………… 161
  4.9.3 安全施工管理 ……………………… 162
  4.9.4 文明施工与环境保护 ……………… 162

项目5 某项目装配式混凝土结构专项施工方案 …………………… 167

参考文献 …………………………………………………………………… 187

项目 1　探寻装配式建筑历史与发展

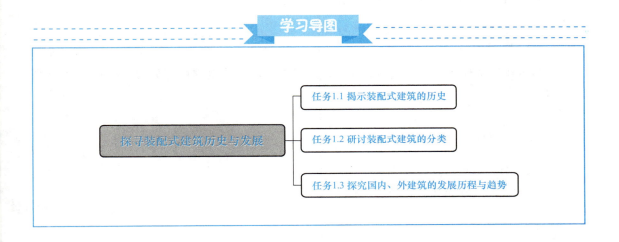

任务 1.1　揭示装配式建筑的历史

学习情境描述

学校拟建造一栋教学楼，采用装配式混凝土结构，为了更深入地了解装配式工程，参与装配式工程的建设，现需要对装配式建筑的起源和概念进行掌握。

学习目标

知识目标：通过对传统宫殿建筑模拟建造过程的分析，掌握装配式建筑的起源和概念。

能力目标：能运用装配式建筑的概念去判断该建筑是否为装配式，并能掌握装配式建筑和传统建筑在建筑全生命周期的异同。

素质目标：通过本任务的学习，培养学生团结协作、认真、严谨、敬业的工作作风，培养学生的爱国情怀、民族自信及创新意识，开拓学生国际视野。通过讲解施工安全法，培养学生知法、守法意识，提高学生道德素质和法治素养，增加学生的社会责任感。

任务书

具体要求：
1. 收集装配式建筑资料。
2. 对装配式建筑的起源和概念进行总结。
3. 制作 PPT，由组长对本组总结情况进行简述。

任务分组

全班分组完成任务，每组最多五人，一人为组长，其他组进行打分（10 分制），得分高者获胜。

工作准备

1. 组长对组员进行任务分工。
2. 制定装配式建筑相关资料归类标准。

工作实施

引导性问题 1：
木结构宫殿的装配式步骤有哪些？

_____
_____
_____
_____
_____

引导性问题 2：
装配式建筑总体可分为几大部分？分别是什么？

_____
_____
_____
_____
_____
_____

引导性问题 3：
建筑业传统生产方式和工业化生产方式在建筑的不同实施阶段有哪些区别？

_____
_____
_____
_____
_____
_____

评价反馈

本任务采用学生与教师综合评价的形式，评价内容包括：对装配式的概念及起源是否理解得足够透彻，并能够进行简单的复述；是否能够正确地表达装配式建筑结构；是否能够对建筑业传统生产方式和工业化生产方式的发展过程及区别进行描述。要求汇报内容完整，表达清晰、重点突出。

综合评价表

班级：	姓名：		学号：
学习任务	任务1.1 揭示装配式建筑的历史		
评价项目	评价标准	分值	学生评价（40%）	教师评价（60%）

评价项目	评价标准	分值	学生评价（40%）	教师评价（60%）
装配式建筑概念	理解并能准确复述装配式建筑概念	10		
装配式建筑起源	了解装配式建筑起源； 了解木结构宫殿的装配式建筑步骤	10		
装配式建筑组成	能正确表达装配式建筑结构	10		
生产方式对比	能对比分析建筑业传统生产方式和工业化生产方式的发展过程及区别	30		
成果展示	小组分工明确，计划合理； PPT汇报内容完整，重点突出； 演示汇报时间合理，表达清晰	40		
合计		100		

学习情境的相关知识点

中国的装配式建筑思想可以追溯到原始社会。从原始社会起，为了保暖和躲避野兽，聪明的人类开始就地取材，使用木材来搭建简易的房屋，这是木结构建筑最早的起源。而此后的几千年里，木结构成为中国古代最典型的建筑结构，而木结构也正是装配式建筑的起源建筑。木结构建筑的建造主要包括构件制作和建筑装配两个过程。所谓的构件制作场地也就是工厂，所有构件的制作都在工厂制作完成，常见的构件包括柱、梁（枋）、短梁和装饰梁（雀枋）、纵向梁连接件（斗拱）、隔扇（门、窗、墙）、门槛（包括上门槛、中门槛和下门槛）、檩子、檐和飞檐、栏杆及台基。构件制作完成后，被运送到建筑装配场地即施工现场进行装配。在正式开始进行装配各个构件之前，首先要在施工现场建立好台基，之后再以台基为基础，在台基上开始对各个构件进行装配施工。中国古代的楼梯踏步步数很有讲究，除庙宇、坟墓这类建筑会采用偶数台阶外，其他类型建筑的台阶步数都为奇数。在秩序井然的封建社会，门前台阶的数量也是权力的象征，如故宫三大名殿（太和殿、中和殿和保和殿）殿堂前的台阶均为九阶，"九"这个数字象征着帝王是九五至尊，拥有着至高无上的权力。综上所述，中国木结构在设计、建筑、结构、装饰方面的建筑理念与装配式建筑的设计构想一致，是典型的装配式建筑。

为了保证建筑的规范性，清代时负责土木的工部官方颁布了《清工部工程做法》，规定了传统木结构建筑的开间、进深及木材的选用，规定了构件的尺寸选用法则，形成了当时的"建筑设计规范"。从图1.1和图1.2中可以看出，斗拱是由很多小的斗拱构件组成的。

图1.1　宋式斗拱

图1.2　清式斗拱

按照装配式建筑建造的步骤，在建筑构件做好之后把构件装配起来形成一个完整的木结构建筑，如图1.3所示。首先，要制作一个台基作为木结构建筑的低级，在台基上装配木结构的其他构件，还要做一些石鼓作为柱子的基础，"一柱一鼓"等同于柱下独立基础。

采用经典的榫卯连接，将柱、梁（枋）连接起来形成梁架，此时的建筑已经有了建筑的基本雏形——木结构建筑梁架。

图1.3　木结构建筑结构图

为了保证纵向梁和柱的顺利连接，先在柱顶装配了斗拱，然后再装配纵向梁形成屋面的檐子。

屋面主要由琉璃瓦铺设而成，琉璃瓦是由土窑制作成型，再涂上彩釉烧制而成的。琉璃瓦不仅外表十分美观还具有良好的防水性能(图 1.4)。

图 1.4　琉璃瓦放大

在屋面装配完成后，可以根据不同位置的需求来装配隔扇，形成墙、门和窗，最后，在台基上装配好栏杆，起到围护的作用。一栋装配式的木结构建筑就装配完成了，完整的装配式木结构建筑如图 1.5 所示。

图 1.5　太和殿

说起国外装配式建筑的起源，也许很多人会想到古埃及的金字塔(图 1.6)。举世闻名的金字塔是一座石结构的建筑物。人们在石料厂将生石料加工制成满足金字塔结构的石料构件，然后运送到现场进行装配。虽然科学家一直没有探明古埃及人是怎么运送巨石穿过沙漠的，但是可以肯定的是金字塔是由石构件装配而成，最后形成完整的金字塔结构。其建筑思想与装配式建筑的思想是一致的。

图 1.6　古埃及金字塔建筑

按照国家相关标准关于装配式建筑的定义，装配式建筑是指"结构系统、外围护结构、内装系统、设备和管线系统的主要部分采用预制部品部件集成的建筑"。这个定义强调装配式建筑是四个系统而不仅仅是结构系统的主要部分采用预制部品部件集成的。如果只是按照国家标准的定义去解读，有着几千年历史的传统式建筑及现在世界上绝大多数所谓装配式建筑，都不能算作纯正的装配式建筑。一般来说，装配式建筑是指由预制部件通过可靠连接方式建造的建筑，即经过建筑的集成设计(建筑、结构、给水排水、电器、设备、装饰)后，依据相关的标准和规定在工厂对构件进行工业化生产，生产完成后的建筑构件被运送到施工现场通过可靠的连接方式进行装配。

按照中央和国务院的发展要求，到 2026 年我国装配式建筑占新建建筑的比例将达到 30%。这就要求装配式建筑应该向标准化、集成化、工业化、信息化的方向进行变革，以适应建筑现代化的历史潮流。工业化是装配式建筑发展必须经历的一个过程，工业化可以使装配式建筑的构件生产趋于标准化，结合生产过程的信息化，使整个装配式建筑建设过程集成化。装配式建筑的构件生产、运输和现场组装如图 1.7、图 1.8 所示。

图 1.7　建筑构件生产

(a)　　　　　　　　　　　　　　　　　　(b)

图 1.8　建筑构件运输及组装

(a)运输；(b)组装

与传统建筑相比，装配式建筑具有以下的优点。

1. 保证建筑质量

对于混凝土结构而言，为了避免造成不必要的损失，装配式建筑的设计更加深入和细化。装配式建筑的设计可提高施工精度，现浇混凝土的施工误差往往以 cm 计，而装配式可以保证误差在 mm 内；装配式建筑的设计还可以提高混凝土浇筑、振捣和养护环节的质量，采用蒸汽养护的方式，大大提高了混凝土构件的质量；另外，装配式建筑还最大程度地避免了人为错误，使产品质量进一步得到了保证。

2. 提高施工效率

装配式建筑使得一些高空作业转移到车间进行工厂化生产，而不受气象条件的制约，极大地提高了生产效率。

3. 绿色节能环保

装配式建筑在工厂制作环节可以将边角余料充分利用，一方面可以节约材料；另一方面也可以大幅度地减少建筑垃圾。

4. 其他

装配式建筑构件的生产多数在工厂中进行，可以较多地借用工具和自动化设备，极大地节省了劳动力。若计划安排得当，装配式建筑构件的制作一般不会影响工期，因为在现场准备和基础施工阶段就可以进行制作，当工地具备施工条件时，工厂已经生产出所需的构件。

装配式建筑构件虽然可批量生产、有质量保证、可提高生产效率、绿色节能，但是也存在一定的局限性。首先是装配式建筑构件的连接点比较"娇贵"，连接构造制作和施工比较复杂，精度要求高；其次是装配式建筑的整体性较差，抗侧向力能力差，不适宜高层建筑和抗震要求高的地区；另外，装配式建筑的风格比较单一，不适用于重复元素少且规模较小的建筑。

任务 1.2　研讨装配式建筑的分类

▶▶ 学习情境描述

学校拟举办装配式建筑摄影大赛，为了更深入地了解多种形式的装配式建筑，现需要掌握装配式建筑的分类。

✷ 学习目标

知识目标：通过对装配式建筑的分类进行分析，从结构体系和材料体系两个方面来掌握装配式建筑的分类。

能力目标：能运用不同装配式建筑的特点去判断该建筑的具体形式，并能掌握该装配式建筑的应用场景。

素质目标：通过本任务的学习，培养学生团结协作、认真、严谨、敬业的工作作风，培养学生的爱国情怀、民族自信及创新意识，开拓学生国际视野。通过讲解施工安全法，培养学生知法、守法意识，提高学生道德素质和法治素养，增加学生的社会责任感。

任务书

具体要求：
1. 通过多重手段拍摄不同形式装配式建筑的照片。
2. 对拍摄的照片进行综合分析与整理，对不同形式的装配式建筑进行归类，对相同形式的装配式建筑进行总结。
3. 制作 PPT，由组长对本组总结情况进行简述。

任务分组

全班分组完成任务，每组最多五人，一人为组长，得分高者获胜。

工作准备

1. 组长对组员进行任务分工。
2. 通过多重手段拍摄不同形式装配式建筑的照片。

工作实施

引导性问题 1：
如何理解 PC 结构？PC 结构的特点有哪些？

_____
_____
_____
_____
_____
_____
_____
_____

引导性问题 2：
装配式建筑按预制构件的形式和施工方法分类分为_____、_____、_____、_____、_____。

引导性问题 3：
装配式建筑按结构材料分类分为_____、_____、_____、_____。

引导性问题 4：
工业建筑和民用建筑相比，装配式建筑更适合哪一种类型，为什么？

_____
_____
_____
_____
_____
_____

评价反馈

本任务采用学生与教师综合评价的形式，评价内容包括：能否完成对拍摄的照片进行综合分析与整理，对不同的形式的装配式建筑进行归类。要求汇报内容完整、表达清晰、重点突出。

综合评价表

班级：	姓名：		学号：
学习任务	任务1.2 研讨装配式建筑的分类		
评价项目	评价标准	分值	学生评价(40%)	教师评价(60%)
装配式建筑结构的特点	了解装配式建筑结构的特点	15		
装配式建筑按预制构件的形式和施工方法分类	理解并能准确区分分类方式，举出实例	15		
装配式建筑按结构材料分类	理解并能准确区分分类方式，举出实例	15		
装配式建筑其他分类	理解并能准确区分分类方式，举出实例	15		
成果展示	小组分工明确，计划合理； PPT汇报内容完整，重点突出； 演示汇报时间合理，表达清晰	40		
合计		100		

> **学习情境的相关知识点**

建筑是建筑物与构筑物的总称，人们通常所说的房屋是建筑物，也就是狭义的建筑。建筑的一般分类方式包括按使用性质分类、按层高分类、按建筑结构分类、按主体材料分类、按建筑施工方法分类、按建筑耐久年限分类等多种分类方式。

1.2.1 按预制构件的形式和施工方法分类

(1)装配式砌块建筑。装配式砌块建筑的墙体是由块状材料组成的。装配式砌块建筑的工艺简单，适应性强，普通的装配式砌块建筑适用于建造3~5层建筑，如想增加建筑层数，可以采用增加砌块的强度或配置钢筋来提高建筑的结构性能。

装配式砌块建筑最主要的建筑材料就是砌块。砌块按大小可分为小型砌块、中型砌块和大型砌块。砌块还可分为实心砌块和空心砌块。为了减轻砌块的质量，实心砌块较多采用轻质材料制成。小型砌块的体积小、质量轻，人工就可以满足其搬运和砌筑的工作；中型砌块的体积相对小型砌块要大，但可以使用小型机械进行吊装，同时节省了人力；大型砌块因为施工不便，逐渐退出装配式砌块的市场，被大型板材所替代。就像装配式建筑构件的连接是保证建筑结构的关键一样，装配式砌块建筑保证砌体强度的关键是砌块的接缝。接缝一般采用水泥砂浆砌筑，小型砌块也可采用干砌法，即用套接而不用砂浆，可有效减少湿作业，提高施工效率。

(2)装配式板材建筑。顾名思义，装配式板材建筑的主要材料为板材，包括大型内墙板、楼板和屋面板等。这些板材都是由工厂制作完成后运输到施工现场进行安装，装配式板材建筑又称为大板建筑。

作为一种全装配式建筑，装配式板材建筑的内墙板多为钢筋混凝土的空心板和实心板，而外墙兼顾了墙体的保温性能，一般为带有保温层的钢筋混凝土复合板，也可采用轻骨料混凝土、泡沫混凝土或大孔混凝土等制成带有外饰面的墙板。为了提高装配式板材建筑的装配化程度，装配式板材建筑的内部设备常采用集中的室内管道配件或盒式卫生间等。

作为典型的装配式建筑，装配式板材建筑的关键问题也是节点设计问题，为了保证构件连接的整体性，板材之间可根据构件的情况选择焊接、螺栓连接和后浇混凝土连接等不同的连接方式。

装配式板材建筑因为其板材质量较轻，可以有效地减轻结构质量、减少施工难度、减少不必要的建筑面积的浪费，故多用于抗震强度要求高的地区。但同时装配式板材建筑的建筑物造型和布局也受到了建筑结构的制约，小开间横向承重的大板建筑内部分隔缺少灵活性，为了增强装配式板材建筑的分割灵活性，也可采用纵墙式、内柱式和大跨度式楼板。

(3)装配式盒式建筑。说起盒式建筑，人们也许会觉得陌生，但是一说起集装箱式建筑，相信很多人的脑海里一定会浮现出集装箱建筑的画面。装配式盒式建筑是以板材建筑为基础衍生的一种装配式建筑，凭借其工厂化程度高、现场安装快的特点而被人们所熟知。

装配式盒式建筑一旦生产完成，接好管线后可立即投入使用，因为在工厂不仅完成了盒子的结构部分，而且内部装修和设备及家具也都安装完成了。虽然盒式建筑工业化程度较高，但投资大、运输不便，且需用重型吊装设备，因此其发展受到限制。

常见的装配式盒式建筑的装配形式包括以下几种：

1) 全盒式：承重完全由盒子建筑完成的建筑。

2) 板材盒式：采用拼接的方式，先将小开间的房间做成承重盒子，再与墙板和楼板等组成建筑，小开间的房间如厨房、卫生间和楼梯间等。

3) 核心体盒式：以承重的盒子作为核心体，四周再用楼板、墙板或骨架组成建筑。

4) 骨架盒式：用由轻质材料组成的多住宅单元或单间式盒子作为承重骨架的支撑组成的建筑。也有用轻质材料制成包括设备和管道的卫生间盒子，安置在其他结构形式的建筑内。

(4) 装配式骨架板材建筑。装配式骨架板材建筑由预制的骨架和板材组成。其有框架结构体系和板柱结构体系两种承重结构。

1) 框架结构体系。框架结构体系是指由柱、梁组成承重结构，再搁支楼板和非承重的内、外墙板形成的结构体系。钢筋混凝土框架结构体系的骨架板材建筑有全装配式、预制和现浇相结合的装配整体式两种。保证这类建筑的结构具有足够的刚度和整体性的关键是构件连接，如柱与基础、柱与梁、梁与梁、梁与板等的节点连接，应根据结构的需要和施工条件，通过计算进行设计和选择。常见的连接方法有榫接法、焊接法、牛腿搁支法和留筋现浇成整体的叠合法等。

2) 板柱结构体系。板柱结构体系是指由柱子和楼板组成承重的结构体系，内、外墙板是非承重的，承重骨架一般多为重型的钢筋混凝土结构，也有采用钢和木做成骨架与板材组合作为承重骨架，常用于轻型装配式建筑中。板柱结构体系的骨架板材建筑是方形或接近方形的预制楼板同预制柱子组合的结构系统。楼板多数为四角支在柱子上，也有在楼板接缝处留槽，从柱子预留孔中穿过钢筋，张拉后灌注混凝土。

装配式骨架板材结构灵活多样，结构设计合理，不仅可以有效地减轻建筑物的质量，而且内部分隔灵活便于满足生活工作的需求，更适用于多层和高层建筑。

(5) 装配式升板和升层建筑。在底层混凝土地面上重复浇筑各层楼板和屋面板，以竖立的预制钢筋混凝土柱为导杆，用放在柱子上的油压千斤顶将楼板和屋面板提升到设计高度并加以固定，由板与柱联合承重的建筑称为装配式升板和升层建筑。对于装配式升板和升层建筑的外墙，可以在提升楼板时提升滑动模板、浇筑外墙，也可以直接选用砖墙、砌块墙、预制外墙板、轻质组合墙板或幕墙等。

装配式升板建筑多采用无梁楼板或双向密肋楼板，楼板同柱子连接节点的连接常采用后浇柱帽或采用承重销、剪力块等无柱帽节点连接的方式。装配式升板建筑不但柱距较大，而且楼板承载力也较强。因为其施工时大量操作在地面进行，有效地减少了高空作业和垂直运输，不但节约模板和脚手架，而且大大减少了现场施工的安全隐患。装配式升板建筑多用作商场、仓库、工厂和多层车库等。

升层建筑是在升板建筑的基础上更进一步，在地面上升板建筑每层的楼板里面先安装好内、外预制墙体，安装完成后再一起提升安装的建筑。升层建筑可以显著提升施工速度，因此，其常被应用于施工场地受限制的施工条件下。

1.2.2 按结构材料分类

(1)预制装配式混凝土建筑(也称 PC)结构。预制装配式混凝土建筑是指以工厂化生产的钢筋混凝土预制构件为主，通过现场装配的方式设计建造的混凝土结构类房屋建筑。一般可分为全装配建筑和部分装配建筑两大类。全装配建筑一般为低层或抗震设防要求较低的多层建筑；部分装配建筑的主要构件一般采用预制构件，在现场通过现浇混凝土连接，形成装配整体式结构的建筑物。按结构承重方式又可分为剪力墙结构和框架结构。

1)剪力墙结构。剪力墙墙板作为承重结构，预制装配式混凝土结构的剪力墙结构实际上是板构件，作为受弯构件就是楼板。现代装配式建筑构件生产厂的生产线多数是板构件生产。装配时施工以吊装为主，吊装后再处理构件之间的连接构造问题。

2)框架结构。预制装配式混凝土结构的框架结构是将柱、梁、板构件分开生产，施工时进行构件的吊装施工，吊装后再处理构件之间的连接构造问题。框架结构的墙体是由另外的生产线生产框架结构的专用墙板，如轻质、保温、环保的绿色材料。框架吊装完成后再组装墙板。

装配式混凝土建筑物的特点是施工速度快，利于冬期施工，生产效率高，产品质量好，减少了物料损耗。

(2)预制集装箱式结构。集装箱式结构的材料主要是混凝土，一般是按建筑的需求，用混凝土做成建筑的部件(按房间类型，如客厅、卧室、卫生间、厨房、书房、阳台等)。一个部件也就是一个房间，相当于一个集成的箱体(类似集装箱)。组装时，进行吊装组合就可以了。当然，集装箱式结构的材料不仅仅限于混凝土，例如，日本早期装配式建筑集装箱结构用的是高强度塑料。这种高强度塑料可以做枪刺(刺刀)，但缺点是防火性能差。

(3)装配式钢结构建筑。装配式钢结构建筑是采用钢材作为构件的主要材料，即由型钢和钢板等制成的钢梁、钢柱、钢桁架等构件组成的结构。相对于装配式混凝土结构，装配式钢结构建筑的抗震性能优越、安装速度更快，施工质量更容易得到保证，并且钢结构质量更轻，基础造价更低，其为可回收材料，更加绿色环保。

装配式钢结构建筑可分为型钢结构和轻钢结构。

1)型钢结构。根据结构的设计要求，在特有的生产线上生产，截面可为工字钢、L形钢或T形钢。生产好的构件被运送到施工工地进行装配。装配时，构件的连接可以是锚固(加腹板和螺栓)，也可以采用焊接。因为其具有截面比较大的特性，因而有较高的承载力，可以装配高层建筑。

2)轻钢结构。轻钢结构一般采用截面较小的轻质槽钢作为轻钢结构的主要材料，槽钢槽的宽度由结构设计确定。轻质槽钢截面小，壁一般较薄，在槽内装配轻质板材作为轻钢结构的整体板材，施工时进行整体装配。轻钢结构施工采用螺栓连接，施工快、工期短且便于拆卸。所以，装饰工程造价较低，目前市场前景较好。由于轻钢结构以薄壁钢材作为构件的主要材料，内嵌轻质墙板，质量较轻，一般装配多层建筑或小型别墅建筑。

（4）装配式木结构建筑。装配式木结构建筑是指建筑所需的柱、梁、板、墙、楼梯构件都采用木材制造，然后进行装配，以构建工厂化、施工装配化的建造方式。以施工标准为特征，能够整合设计、生产、施工多个产业链，贯彻执行了节约资源和保护环境的国家技术经济政策。

木结构建筑具有绿色环保，保温节能，结构安全，有优良的抗震、隔声性能等优点，有着混凝土结构和砌体结构无可比拟的优越性。常见的装配式木结构建筑有以下几种类型：

1）轻型木结构体系：使用规格材及木基结构板材或石膏板制作的木构架墙体、楼板，该体系常用于构成单层或多层建筑结构体系。

2）胶合木结构体系：是指承重构件主要采用胶合木制作的单层或多层建筑结构体系。

3）原木结构体系：采用形状统一的矩形和圆形原木或胶合木构件叠加而成。

1.2.3 其他分类方式

按装配式建筑的层高可分为低层装配式建筑、多层装配式建筑、高层装配式建筑、超高层装配式建筑。

按预制率分类（装配式混凝土建筑），小于5%为局部使用预制构件；5%～20%为低预制率；20%～50%为普通预制率；50%～70%为高预制率。

任务1.3 探究国内、外装配式建筑的发展历程与趋势

> **学习情境描述**
>
> 建筑社团举办装配式建筑沙龙，本期主题为对未来装配式建筑的展望。

> **学习目标**
>
> **知识目标**：通过查阅期刊、书籍等相关资料，了解国内、外装配式建筑的发展历程与现状。
>
> **能力目标**：能了解装配式建筑的发展趋势及发展前景，并能明确装配式建筑在国内现阶段存在的问题。
>
> **素质目标**：通过本任务的学习，培养学生团结协作、认真、严谨、敬业的工作作风，培养学生的爱国情怀、民族自信及创新意识，开拓学生国际视野。通过讲解施工安全法，培养学生知法、守法意识，提高学生道德素质和法治素养，增加学生的社会责任感。

任务书

具体要求：

1. 通过多重手段收集装配式建筑的资料与照片。
2. 对收集的装配式建筑的照片和资料进行分析归纳，比较国内、外装配式建筑发展的异同，最终形成一份对装配式建筑发展现状的调研报告。
3. 制作 PPT，由组长对本组的演讲稿进行陈述。

任务分组

全班分组完成任务，每组最多五人，一人为组长，得分高者获胜。

工作准备

1. 组长对组员进行任务分工。
2. 制定装配式建筑相关资料归类标准。

工作实施

引导性问题 1：
回顾国外装配式建筑发展史，分别指出各个国家装配式建筑的特点。

_____
_____
_____
_____

引导性问题 2：
我国现阶段装配式建筑发展情况如何？

_____
_____
_____
_____
_____

引导性问题3：

比较国内、外装配式建筑发展的异同，分析我国装配式建筑未来发展方向有哪些？

_____
_____
_____
_____
_____
_____

评价反馈

本任务采用学生与教师综合评价的形式，评价内容包括：能完成对收集的装配式的照片和资料进行分析归纳，概括国外装配式建筑的特点，并比较国内外装配式建筑发展的异同，分析我国装配式建筑未来发展方向，最终形成一份对装配式建筑发展现状的调研报告。要求汇报内容完整、表达清晰、重点突出。

综合评价表

班级：		姓名：		学号：
学习任务		任务1.3 探究国内、外建筑的发展历程与趋势		
评价项目	评价标准	分值	学生评价(40%)	教师评价(60%)
国外装配式建筑的发展	理解并能准确区分日本、美国、德国、澳大利亚等各国装配式发展的各自特点	30		
国内装配式建筑的发展	理解并能准确了解我国装配式建筑的起源和发展，区分国内外装配式建筑发展的不同之处	30		
成果展示	小组分工明确，计划合理；PPT汇报内容完整，重点突出；演示汇报时间合理，表达清晰	40		
	合计	100		

学习情境的相关知识点

某种意义上讲，装配式建筑并不是新事物，对人类而言，早在5 000多年前的采集-狩猎时期就出现了"装配式住所"——由木构架支撑屋顶的半穴居建筑，这是最早期的一种装配式建筑。人类进入农业时代定居下来后，采用木材、石材、泥砖和茅草建造的真正的建筑开始出现了，许多木结构和石材结构的住宅、庙宇和宫殿都是装配式的。这些建筑都是在加工场地把木材或石材加工好，再运到施工场地通过可靠的方式进行连接。而现代装配式建筑是工业革命和科技革命的产物，如运用现代建筑技术、材料和工艺建造了世界上第一座大型装配式建筑——水晶宫，促进了装配式建筑的发展。第二次世界大战后，欧洲一些国家及日本房荒严重，迫切需要解决住宅问题，促进了装配式建筑的发展。到19世纪60年代，装配式建筑得到了大量的推广。下面将从国外和国内两个视角来介绍装配式建筑的发展。

1.3.1 国外装配式建筑的发展

20世纪以后，由于工业革命导致大量人口涌入城市，以及战争和灾难引发的需求，装配式建筑得到了大规模研究、尝试、运用和发展。发达国家的装配式建筑经过了几十年甚至上百年的时间，已经发展到相对成熟和完善的阶段，目前，日本、美国、德国、澳大利亚等发达国家的装配式建筑已经形成较为成熟的技术体系和标准体系，各国按照各自的特点，选择了不同的道路和形式。

（1）日本的发展。战后日本存在的现实问题及经济发展带来的城市扩张，为日本装配式建筑提供了有利的发展环境。日本政府制定了一系列实施住宅工业化的技术方针政策和有利于促进住宅工业化生产的相关制度，积极调整产业结构，支持企业研发住宅新产品、新设备及与之相配套的技术新体系，大力推动住宅标准化工作，建立统一的模数标准，逐步实现了住宅产品的标准化和部件化，并建立了优良住宅部品认定制度和住宅性能认定制度，实行住宅技术方案竞赛制度等，极大地促进了日本住宅产业化的进步和发展。目前，日本住宅产业链非常成熟，相关标准规范也完备齐全，形成了一套住宅主体工业化和内装工业化相协调发展的完善体系。日本也成为住宅工业化技术发达、住宅装配化普及率较高的国家。从20世纪90年代起，日本开始探索通过改变现有的居住生活模式来实现绿色建造保护环境，将建筑产品和集成技术的研究方向转向生态能源的开发与回收利用，并针对日本日益老龄化的社会问题研究住宅在全寿命周期内不同阶段的户型更新能力，延长住宅的使用寿命减少住宅更新造成的资源能源浪费，确保住宅的绿色环保和可持续发展。

另外，日本是世界上将装配式混凝土建筑运用得最为成熟的国家，高层、超高层钢筋混凝土结构建筑很多是装配式。多层建筑较少采用装配式，因为模具周转次数少，故装配式造价高。日本装配式混凝土建筑多为框架结构、框架-剪力墙结构和筒体结构，预制率比较高。日本的许多钢结构建筑也采用混凝土叠合楼板、预制楼梯和外挂墙板。日本装配式混凝土建筑的质量非常高，而且绝大多数构件都不是在流水线上生产的，因为梁、柱和外挂墙板不适宜流水线生产。日本低层建筑装配式比例非常高，如别墅大都是装配式建筑，结构体系是钢结构加水泥基轻质墙板，内装都是自动化生产线生产。

日本装配式建筑如图1.9所示。

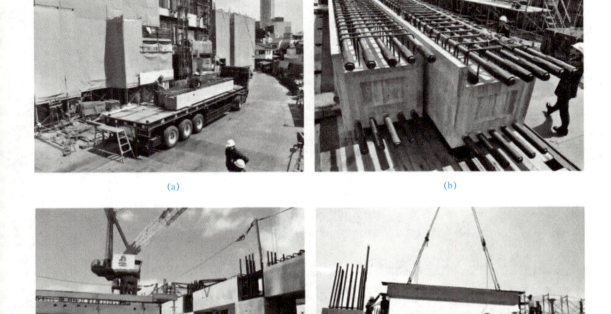

图 1.9 日本装配式建筑

(a)工地现场；(b)预制构件；(c)浇筑混凝土；(d)构件吊装

(2)美国的发展。美国受第二次世界大战的影响较小，其发展装配式建筑的动力来源于工业的快速发展和城市化进程的加快。同时，美国又是典型的市场经济国家，市场机制在建筑行业中起着主导作用，政府主要起引导和辅助的作用，利用法律手段和经济杠杆来推进装配式建筑的发展。1976 年，美国国会通过了《国家工业化住宅建造及安全法案》，并制定了 HUD 国家标准以适应房地产市场发展的需要。人多地少的资源状况和私人土地为主的产权模式导致美国的私有住宅大多是建于郊区的低层建筑，为了满足私有住宅的个性化和多样化要求，美国装配式住宅的关键技术是模块化技术，住宅部品和主体构件生产的社会化程度很高，基本实现了标准化和系列化，并编制了产品目录。针对用户的不同要求，只需在结构上更换工业化产品中的一个或几个模块，就可以组成各具特色的工业化住宅，实现标准化和多样化的有机结合。随着对建筑可持续发展的日益重视，美国正积极进行技术体系和技术创新的研发，鼓励新材料、新产品、新工艺及新设备的使用，以提高住宅质量，改善住宅使用功能和居住环境，促进美国住宅工业化的绿色发展。

美国装配式建筑如图 1.10 所示。

(a) (b)

图 1.10　美国装配式建筑

(a)凤凰城机场航站楼；(b)南加州大学新校区教学办公楼

(3)德国的发展。德国的装配式建筑起源于 20 世纪 20 年代。1926—1930 年，在柏林采用预制混凝土板建造了一百多套住宅。第二次世界大战后为解决资源短缺、人力匮乏、住房需求量大等问题，德国政府开展了大规模的建设工作，预制混凝土大板技术体系成为最重要的建造方式，此体系也是德国规模最大、最具影响力的装配式建筑体系。20 世纪 90 年代后，鉴于混凝土大板体系建筑缺少个性，难以满足现代社会的审美要求，加上德国强大的机械设备设计加工能力的推助，德国开始通过建筑策划、设计、施工、管理等各个环节优化整合，追求建筑的个性化设计，寻求项目美观性、经济性、功能性、环保性的综合平衡，现浇和预制构件混合的预制混凝土叠合板体系开始在德国得到广泛应用与发展。经过几十年的积累，目前德国装配式建筑已形成完善的产业链，装配式建筑的标准规范体系也日趋完整全面，更加强调建筑的独特性和耐久性，提高建筑的环保和绿色可持续发展性能。

德国装配式建筑如图 1.11 所示。

(a) (b)

图 1.11　德国装配式建筑

(a)法兰克福 SQUAIRE 商业综合体；(b)Tour Total 大厦

(4)澳大利亚的发展。20世纪60年代，澳大利亚提出了"快速安装预制住宅"的概念，其建筑发展以冷弯薄壁轻钢结构建筑体系为主。1987年，高强度冷弯薄壁钢结构出现才使这种状况得到改善；1996年，澳大利亚与新西兰联合规范 AS/NZS4600 冷弯成型结构钢规范发布实施。规范发布之后，澳大利亚每年约建造6亿美元的轻钢龙骨独立式住宅120 000栋，约占澳大利亚所有建筑业务产值的24%。冷弯薄壁轻钢结构建筑体系以其环保和施工速度快、抗震性能好等显著优点被澳大利亚、美国、加拿大、日本等国广泛应用。以澳大利亚为例，其钢结构建筑的建造量大约占全部新建住宅的50%。

澳大利亚装配式建筑如图1.12所示。

(a)

(b)

(c)

(d)

图1.12　澳大利亚装配式建筑

(a)悉尼歌剧院；(b)墨尔本小型艺术中心；(c)塔斯马尼亚大学医学院；(d)墨尔本南十字火车站

总体来说，发达国家和地区装配式住宅的发展大致经历了三个阶段：第一阶段是工业化形成的初期阶段，重点建立工业化生产(建造)体系；第二阶段是工业化的发展期，逐步提高产品(住宅)的质量和性价比；第三阶段是工业化发展的成熟期，进一步降低住宅的物耗和环境负荷，发展资源循环型住宅。发达国家的实践证明，利用工业化的生产手段是实现住宅建设低能耗、低污染，达到节约资源、提高品质和效率的根本途径，这些国家的经验都为我国装配式住宅的发展提供了借鉴。

1.3.2 国内装配式建筑的发展

我国装配式建筑的发展始于20世纪50年代中期,借鉴学习了苏联等国家的经验,对工业化建造方法进行了初步的探索。1956年,国务院发布《关于加强和发展建筑工业的决定》,首次提出了"三化"(设计标准化、构件生产工厂化、施工机械化),明确了建筑工业化的发展方向,迄今已有60多年历史。鉴于我国社会经济产业政策、技术水平及认知观念等诸多因素的制约,我国的装配式建筑历经了漫长而曲折的发展道路。直到20世纪末,首先我国的住房制度和供给制度发生了根本性变化,住宅的商品化、城市化对建筑行业产生了巨大的影响,其次随着社会的发展和进步,新生代工人已不再青睐劳动条件恶劣、劳动强度大的建筑施工行业,建筑业出现人工短缺现象,同时传统的建筑生产方式还存在资源浪费、噪声污染等问题。因此,从社会资源分配、降低能耗、节能环保、实现居民小康及可持续发展的角度考虑,对传统的建筑业提出了产业转型和升级要求。1999年,国务院发布了《关于推进住宅产业现代化提高住宅质量的若干意见》,明确了推进住宅产业现代化的指导思想、主要目标、工作重点和实施要求,并专门成立住宅产业化促进中心,配合指导全国住宅产业化工作,装配式建筑发展进入一个新的发展阶段。

特别是党的十八大以来,国家明确提出"走新型工业化道路",高度重视建筑产业化工作,陆续出台了一系列重要政策和指导方针。2013年1月,国务院发布《绿色建筑行动方案》,要求"推广适合工业化生产的预制装配式混凝土、钢结构等建筑体系,加快发展建设工程的预制和装配技术,提高建筑工业化技术集成水平"。2014年7月,住房和城乡建设部印发了《关于推进建筑业发展和改革的若干意见》,要求"统筹规划建筑产业现代化发展目标和路径,制定完善有关设计、施工和验收标准,组织编制相应标准设计图集,指导建立标准化部品构件体系"。2016年2月,国务院发布《关于进一步加强城市规划建设管理工作的若干意见》,要求"发展新型建造方式。大力推广装配式建筑,建设国家级装配式建筑生产基地;加大政策支持力度,力争用10年左右的时间,使装配式建筑占新建建筑的比例达到30%;积极稳妥推广钢结构建筑;在具备条件的地方,倡导发展现代木结构建筑"。2016年9月,国务院常务会议审议通过了《关于大力发展装配式建筑的指导意见》,指导意见明确了装配式建筑标准规范体系的健全、建筑设计的创新、部品部件生产的优化、装配施工水平的提升、建筑全装修模式的推进、绿色建材的推广、工程总承包模式的推行及工程质量安全的确保八个方面的要求。在国家政策方针的指导下,各级地方政府积极引导,因地制宜地探索装配式建筑发展政策,全国30多个省或城市出台了有关推进建筑产业化或装配式建筑的指导意见和配套措施,有力促进了装配式建筑项目的落地实施。

目前,整个建设行业走装配式建筑发展道路的内生动力日益增强,装配式建筑设计、部品和构配件生产运输、施工及配套等能力不断提升,设计标准化、部品生产工厂化、现场施工机械化、结构装修一体化、过程管理信息化的新型建筑生产方式正在成为建筑行业发展的方向，装配式建筑高质量发展任重道远。

测一测

一、单选题

1. 为了保证建筑的规范性，清代由官方颁布了（　　），规定了传统建筑规定，形成了当时的"建筑设计规范"。
   A.《清工部工程做法》
   B.《大清律例》
   C.《清朝工部通则》

2. 对比建筑业传统生产方式和工业化生产方式，在设计阶段属于工业化生产方式的是（　　）。
   A. 不注重一体化设计
   B. 设计与施工相脱节
   C. 标准化、一体化设计

3. 轻钢结构一般用来装配（　　）。
   A. 多层建筑或别墅建筑
   B. 工业厂房
   C. 公共建筑

二、填空题

1. 装配式建筑两大分类方式有_____，_____。

2. 与传统建筑业生产方式相比，装配式建筑的工业化生产在_____、_____、_____、_____等方面都具有明显的优势。

3. 预制集装箱式结构适用于_____、_____、_____、_____等房间类型。

三、简答题

1. 我国装配式建筑最早起源于什么时代？

2. 盒式建筑可分为哪些形式？每一个形式的特点是什么？

项目 2　调研建筑产业化及其发展

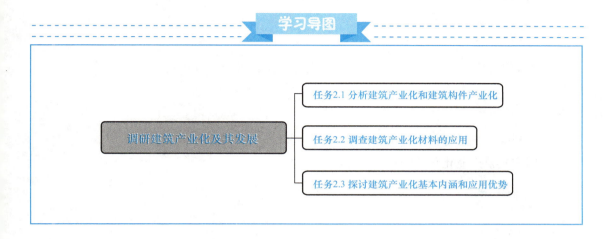

任务 2.1　分析建筑产业化和建筑构件产业化

学习情境描述

建筑工程学院举办建筑产业化论坛，现在需要对有关建筑产业化的会议、资料等文档进行搜集，以便更深入地了解和掌握建筑产业化的概念与内涵。

学习目标

知识目标：通过对建筑产业化和建筑构件产业化的概念进行分析，掌握建筑产业化的本质及未来发展。

能力目标：能深刻理解建筑产业化对中国建筑业发展带来的深远影响，并能在未来的学习中，更有侧重点地学习。

素质目标：通过本任务的学习，培养学生团结协作、认真、严谨、敬业的工作作风，培养学生的爱国情怀、民族自信心及创新意识，开拓学生国际视野。通过讲解施工安全法，培养学生知法、守法意识，提高学生道德素质和法治素养，增加学生的社会责任感。

任务书

具体要求：
1. 通过多重手段收集建筑产业化资料。
2. 综合分析所收集资料，对建筑产业化概念进行总结。
3. 制作PPT，由组长对本组总结情况进行简述。

任务分组

全班分组完成任务，每组最多五人，一人为组长，得分高者获胜。

工作准备

1. 组长对组员进行任务分工。
2. 制定建筑产业化相关资料归类标准。

工作实施

引导性问题1：

建筑产业化是指以_____为理念，以_____为支撑，以_____方式为手段，以_____为核心，以_____为目标，广泛运用_____、_____，将建筑产品的生产过程连接为完整的一体化产业链系统。

引导性问题2：

建筑产业化主要有哪些特点？

_____
_____
_____
_____

引导性问题3：

为什么建筑产业化的前提必须是建筑产品标准化？

_____
_____
_____
_____
_____

引导性问题 4：
建筑构件产业化的优势在哪里？

评价反馈

本任务采用学生与教师综合评价的形式，评价内容包括：理解和掌握建筑产业化概念与特点；了解建筑构件产业化的优势并进行描述。要求汇报内容完整、表达清晰、重点突出。

综合评价表

班级：	姓名：		学号：	
学习任务	任务 2.1　分析建筑产业化和建筑构件产业化			
评价项目	评价标准	分值	学生评价(40%)	教师评价(60%)
建筑产业化概念	理解建筑产业化概念	10		
建筑产业化特点	了解建筑产业化主要特点	20		
建筑构件产业化优势	理解并能准确指出建筑构件产业化的必要性及经济效益	30		
成果展示	小组分工明确，计划合理； PPT 汇报内容完整，重点突出； 演示汇报时间合理，表达清晰	40		
合计		100		

学习情境的相关知识点

建筑产业化是指以绿色发展为理念，以现代科学技术进步为支撑，以工业化生产方式为手段，以工程项目管理创新为核心，以世界先进水平为目标，广泛运用信息技术、节能环保技术，将建筑产品的生产过程连接为完整的一体化产业链系统。这种方式改变了传统的施工程序，由大量人工现场作业变为工厂化构件生产，而工厂化构件设计可以使建筑更为科学精细，现场装配可以最大限度减少环境损害，减少建筑垃圾，实现节能减排。发展建筑产业化是建筑生产方式从粗放型生产向集约型生产的根本转变，是产业现代化的必然途径和发展方向。

随着产业基地的扩大及评价标准和相关措施的日趋完善，我国建筑产业现代化进程将逐步加快。预制构件在装配式混凝土房屋建筑的应用也越来越普及。欧美国家在发展装配式住宅方面都制定了非常完善的标准。例如，美国地广人稀，建筑物多以低层住宅为主，结构材料和结构类型均以便于组装的木结构和轻型钢结构为主。瑞典的装配式建筑已经占据了总市场值的80%以上。而作为装配式建筑高度发达的国家——日本，则对装配式建筑和住宅进行了技术规则制定，其建成的都市再生机构框架和填充住宅结构体系，市场比率已经达到了50%。

2.1.1 建筑产品产业化

建筑物作为建筑产品是房地产开发商的追求目标，但是要产业化生产，则必须将建筑产品进行分类，作为地产一般有住宅和商业经营用房（包括办公、商业、旅游、复合地产等）。任何一类建筑产品要产业化，都必须要标准化。建筑产品产业化要有一定的规模，没有规模工厂就没有效益，没有效益的工厂是无法生存的。目前，我国数量最多的建筑是住宅建筑，住宅建筑也是目前我国最大的需求建筑，因此，根据建筑产品标准化的要求，装配式建筑以住宅建筑为主。

近年来，已有不少企业先后进行了不同的产业化尝试，并取得了更高效、更环保、更精细的效果。万科地产集团于2001年起就开始对建筑产品标准化进行研究，为了获得更大的经济效益，万科地产集团在不同的阶段制定了不同的目标，采取不同的对策解决所出现的问题。2001—2008年是万科地产集团对建筑产品标准化研究的第一、二阶段，以集团和区域为主进行探索和发展，从管控和专业层面，定型标准化，并使产品达到标准化。2009—2010年是第三阶段，该阶段从产品层面出发进行标准化研究。而2010年之后，对成熟的产品线进行整合。建筑构件用工厂来进行产业化生产，建筑产品用建筑构件直接装配而成，这就是建筑产品产业化的基本概念。而产业化的推进需要通过整合诸多个性而实现共性标准。

2.1.2 建筑构件产业化

建筑构件产业化是建筑产品产业化形成的基础，建筑构件进行组合就是建筑产品，两者之间是相辅相成的关系。在建筑产业化没有兴起之前，一般的现浇工艺只能控制在厘米级，因此，所造成的建筑误差也比较大，这也是间接导致工程事故发生的原因之一。精确建筑误差，提高建筑质量也能更好地保护人民的人身财产安全。而建筑构件标准化能够把建筑误差精确在毫米甚至微米级别，也使建筑使用者更放心。另外，也能更好地保护施工现场的环境，减少建筑垃圾的产生和建筑材料的浪费，提高企业的经济效益，是装配式产品产业化不可或缺的一部分。建筑构件产业化的根本是建立构件生产的工厂，工厂生产必须有一定的规模，每年有一定的生产能力，达到一定的生产量，工厂才能正常运转。在建筑产品标准化的前提下，建筑构件的标准化必须要建立建筑模数的标准化。因此，为保证建筑构件的标准化，国家出台了装配式建筑构件设计模数化的规定。建筑构件设计要模数化、集成化设计，以达到建筑构件生产化的要求。因此，建筑构件产业化就是建筑构件的标准化、集成化流水线生产。

任务 2.2　调查建筑产业化材料的应用

学习情境描述

建筑工程学院将带领学生们参观装配式建筑材料生产基地，为了更好地掌握装配式建筑所应用的建筑材料，并且更深入地了解不同材料之间的特点，现需要对装配式建筑的材料进行掌握。

学习目标

知识目标： 通过对常用的建筑产业化材料所用材料的介绍，掌握建筑产业化材料的不同材料特点和应用。

能力目标： 能运用建筑产业化材料的特点去判断该材料能否被装配式建筑所用，并能掌握应用于建筑产业化材料的共同点。

素质目标： 通过本任务的学习，培养学生团结协作、认真、严谨、敬业的工作作风，培养学生的爱国情怀、民族自信及创新意识，开拓学生国际视野。通过讲解施工安全法，培养学生知法、守法意识，提高学生道德素质和法治素养，增加学生的社会责任感。

任务书

具体要求：
1. 通过多重手段收集装配式建筑所用的建筑材料。
2. 综合分析所收集资料，对建筑产业化的材料进行总结。
3. 制作 PPT，由组长对本组总结情况进行简述。

任务分组

全班分组完成任务，每组最多五人，一人为组长，得分高者获胜。

工作准备

1. 组长对组员进行任务分工。
2. 制定装配式建筑相关资料归类标准。

工作实施

引导性问题 1：
应用在装配式建筑上的材料有很多种类，举例说明。
_____
_____
_____

引导性问题 2：
在建筑产业化中，水泥制品的应用量占比很大，简述水泥制品的优、缺点。
_____
_____
_____

引导性问题 3：
2014年5月，《中国建筑材料工业新兴产业发展纲要》，确定提出以"重点发展_____、
_____、_____、_____、_____、_____、_____、_____的新型多功能墙体材料"。

引导性问题 4：
通过对装配式建筑材料的应用和分析，预测未来应用在装配式建筑中材料将向哪些方面发展？
_____
_____
_____
_____

评价反馈

本任务采用学生与教师综合评价的形式，评价内容包括：调查装配式建筑材料类别，并对装配式建筑材料的应用进行分析；预测未来应用在装配式建筑中材料向哪些方面发展。要求汇报内容完整、表达清晰、重点突出。

综合评价表

班级：		姓名：		学号：	
学习任务		任务 2.2 调查建筑产业化材料的应用			
评价项目	评价标准		分值	学生评价（40%）	教师评价（60%）
装配式建筑材料类别	举例说明应用在装配式建筑上的材料种类		10		
装配式建筑主要的板材类型	理解并能准确区分板材类型； 掌握水泥制品的优、缺点		20		
装配式建筑材料的应用	分析未来装配式建筑材料的发展方向		30		
成果展示	小组分工明确，计划合理； PPT 汇报内容完整，重点突出； 演示汇报时间合理，表达清晰		40		
合计			100		

学习情境的相关知识点

装配式建筑的构件在生产工厂制作，在现场拼装，具有施工方便快捷，节约材料，环保节能，质量轻，工期短，有良好的社会效益等优点，符合国家环保、节能技术政策。建筑构件实现工业化生产后，不仅可以减少现场施工的浪费，同时，也使更多的环保、绿色、可持续发展的建筑材料得到应用。

在我国的房屋建筑材料中，墙体材料占 45%～75%，而在装配式建筑的发展中，墙体材料的变化就显得极为明显。墙体材料的发展趋势是由小块向大块、由大块向板材发展。板材装配采用干作业，相对砖和砌块来讲，施工效率可以成倍提高。2020 年 7 月 15 日，住房和城乡建设部联合 7 个行政主管部门发布了《绿色建筑创建行动方案的通知》，提出 2022 年全国城镇规划中 100 个大型绿色环保节能装配建筑占比的 70% 的目标。当前，住宅健康和宜居环境保护性能不断提高，使各种绿色装配建筑节能形式的装配不断提高，绿色环保节能装配建筑相关技术的实际应用范围逐渐扩大。绿色住宅需求不断增加，装配建筑有防水、抗震、绿色环境保护等优点，因此具有绿色建筑的特征，能为人们提供健康、适用、高效使用的空间，满足新型建筑消费的需求。

2.2.1 主要的板材类型

（1）水泥制品板材。水泥是我国应用最为广泛的胶凝材料，各类型水泥制成的墙板从 20 世纪 90 年代末开始进入市场，如玻璃纤维增强水泥多孔轻质隔墙条板、节能环保的灰渣混凝土建筑隔墙板、节能保温的硅酸钙复合夹心墙板等。1999 年，全国墙板生产总量已达到 2.41 亿 m²，占全国墙材的 1.41%。但由于板材接缝技术及收缩开裂问题未能得到很好的解决，加之低劣产品充斥市场，对墙板行业造成了恶劣影响，使建筑开发应用及设计部门对建筑隔墙板产品产生了较差的印象。2006 年和 2007 年，墙板的生产与应用萎缩到不足 2 800 万 m²，企业已不足 300 家，全国隔墙板生产总值不足 20 亿元。

近几年，随着我国综合利废的制度加大，特别是对建筑垃圾废弃物的处理，建筑隔板墙行业在政策上又有了新的发展机遇。在这期间，相应的产品标准、建筑施工和验收规范陆续颁布实施，极大地促进了我国建筑隔板墙行业的复苏，行业装备水平的提高使技术瓶颈正在逐步得到解决，且 2017 年产销突破 1.8 亿 m²。但由于水泥制成的建筑墙体板材存在大板易开裂、密度大等问题，同时水泥生产耗能高，对环境不友好，所以，发展新型环保、可持续发展的墙体材料也成了建筑行业的一大重点。

(2)石膏制品板材。石膏作为一种传统的胶凝材料，很受人们的青睐。它是以建筑石膏为主要原料制成的一种材料，属于绿色环保新型建筑材料，具有质量轻、保温隔热、无辐射、无毒无味、防火、隔声、施工方便、绿色环保等优点。石膏板(图 2.1)是当前着重发展的新型轻质板材之一，已广泛应用于住宅、办公楼、商店、旅馆和工业厂房等各种建筑物的内隔墙、墙体覆面板(代替墙面抹灰层)、天花板、吸声板、地面基层板和各种装饰板等。除最为经济与常见的象牙白色板芯、灰色纸面外，其他的品种还有以下几种。

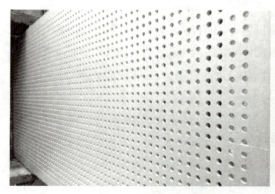 

图 2.1　石膏板

1)防火石膏板。防火石膏板是在传统纸面石膏板的基础上创新开发的一种新产品。其不但具有了纸面石膏板隔声、隔热、保温、质量轻、高强、收缩率小等特点，而且在石膏板板芯中增加一些添加剂(玻璃纤维)，使得这种板材在着火时，在一定长的时间内保持结构完整(在建筑结构里)，从而起到阻隔火焰蔓延的作用。

2)花纹装饰石膏板。花纹装饰石膏板是以建筑石膏为主要原料，掺加少量纤维材料等制成的有多种图案、花饰的板材，如石膏印花板、穿孔吊顶板、石膏浮雕吊顶板、纸面石膏饰面装饰板等。它是一种新型的室内装饰材料，适用于中高档装饰，具有质量轻、防火、防潮、易加工、安装简单等特点。特别是新型树脂仿型饰面防水石膏板，板面覆以树脂，饰面仿型花纹，其色调图案逼真，新颖大方，板材强度高、耐污染、易清洗，可用于装饰墙面，保护墙板及踢脚板等，是代替天然石材和水磨石的理想材料。

3)纸面石膏装饰吸声板。纸面石膏装饰吸声板是以建筑石膏为主要原料,加入纤维及适量添加剂做板芯,以特制的纸板为护面,经过加工制成的。纸面石膏装饰吸声板可分为有孔和无孔两类,并有各种花色图案,具有良好的装饰效果。由于两面都有特制的纸板护面,因而具有强度高、挠度较小、质量轻、防火、隔声、隔热等特点,而且抗震性能良好,可以调节室内温度,施工简便,加工性能好。纸面石膏装饰吸声板适用于室内吊顶及墙面装饰。

(3)金属波形板。金属波形板是以铝材、铝合金或薄钢板轧制而成(也称金属瓦楞板)。如用薄钢板轧成瓦楞状,涂以搪瓷釉,经高温烧制成搪瓷瓦楞板。金属波形板具有质量轻、强度高、耐腐蚀、光反射好、安装方便的特点,适用于屋面、墙面。

(4)EPS隔热夹心板。EPS隔热夹心板(图2.2)是以0.5~0.75 mm厚的彩色涂层钢板为表面板,自熄聚苯乙烯为芯材,用热固化胶在连续成型机内加热加压复合而成的超轻型建筑板材,是集承重、保温、防水、装修于一体的新型围护结构材料。可制成平面形或曲面形板材,适用于大跨度屋面结构(如体育馆、展览厅、冷库等)及其他多种屋面形式。

(5)硬质聚氨酯夹心板。硬质聚氨酯夹心板(图2.3)由镀锌彩色压型钢板面层与硬质聚氨酯泡沫塑料芯材复合而成。压型钢板厚度为0.5 mm、0.75 mm、1.0 mm。彩色涂层为聚酯型、改性聚酯型、氟氯乙烯塑料型,这些涂层均具有极强的耐候性。该板材具有质量轻、高强、保温、隔声效果好、色彩丰富、施工方便等特点,是集承重、保温、防水、装饰于一体的屋面板材,适用于大型工业厂房、仓库、公共设施等大跨度建筑和高层建筑的屋面结构。

图2.2 EPS隔热夹心板

图2.3 硬质聚氨酯夹心板

2.2.2 新型环保绿色材料的应用

装配式建筑大部分材料是绿色环保材料,不会对建筑工程的质量管理产生不利影响。因为这些材料防火性能好,因此能达到更好的防火效果,同时不断提高建筑性能,充分发挥材料的柔性，提高抗震效果和隔声效果。为了绿色建筑的需要，应用环保绿色建筑材料将是建筑材料的革命。目前，我国已经有大量的绿色环保板材生产线，为装配式绿色建筑提供有力的保障。绿色环保材料的应用，如万科地产集团采用的麦秆纤维模压板，绿色环保且可持续利用，如图 2.4 所示。

图 2.4　万科世博会展馆

任务 2.3　探讨建筑产业化基本内涵和应用优势

学习情境描述

建筑工程学院开展专家进课堂活动，专家分享的课程主题是建筑产业化基本内涵和应用优势，为了更好地配合专家的这次课程，要求学生提前对建筑产业化基本内涵和应用优势进行了解。

学习目标

知识目标：通过对建筑产业化基本内涵和应用优势分析与阐述，掌握建筑产业化对建筑业发展的影响。

能力目标：深刻理解建筑产业化基本内涵，为今后学习装配式建筑的具体技术提供理论支持，掌握建筑产业化应用优势，也为以后工作提供指导方向。

素质目标：通过本任务的学习，培养学生团结协作、认真、严谨、敬业的工作作风，培养学生的爱国情怀、民族自信心及创新意识，开拓学生国际视野。通过讲解施工安全法，培养学生知法、守法意识，提高学生道德素质和法治素养，增加学生的社会责任感。

任务书

具体要求：
1. 通过多重手段收集建筑产业化基本内涵和应用优势的资料。
2. 综合分析所收集资料，对建筑产业化基本内涵和应用优势的资料进行总结。
3. 制作 PPT，由组长对本组总结情况进行简述。

任务分组

全班分组完成任务，每组最多五人，一人为组长，得分高者获胜。

工作准备

1. 组长对组员进行任务分工。
2. 制定建筑产业化相关资料归类标准。

工作实施

引导性问题 1：
建筑产业化基本内涵由_____、_____、_____、_____、_____、_____、_____ 组成。

引导性问题 2：
2017 年，住房和城乡建设部印发了《建筑业发展"十三五"规划》，强调要推动_____，推广_____，提高_____，推广_____，推进_____。

引导性问题 3：
从不同角度阐述建筑产业化的优势。

_____

_____

_____

引导性问题 4：
阐述现阶段建筑产业化发展面临的问题及对策。

_____

_____

_____

_____

评价反馈

本任务采用学生与教师综合评价的形式，评价内容包括：理解建筑产业化基本内涵；了解建筑产业化的优势，并对当前建筑产业化存在的问题及对策进行描述。要求汇报内容完整、表达清晰、重点突出。

综合评价表

班级：		姓名：		学号：
学习任务	任务 2.3　探讨建筑产业化基本内涵和应用优势			
评价项目	评价标准	分值	学生评价（40%）	教师评价（60%）
建筑产业化基本内涵	理解并能掌握建筑产业化基本内涵，对七项基本内涵内容进行逐条分析	20		
建筑产业化优势	理解并能掌握四项优势，对未列出优势进行展开说明	20		
建筑产业化现状	建筑产业化存在的问题；对策和建议	20		
成果展示	小组分工明确，计划合理；PPT 汇报内容完整，重点突出；演示汇报时间合理，表达清晰	40		
合计		100		

学习情境的相关知识点

2.3.1　建筑产业化基本内涵

1. 最终产品绿色化

20 世纪 80 年代，人类提出可持续发展理念。党的十五大明确提出我国现代化建设必须实施可持续发展战略。面对来自建筑节能环保方面的更大挑战，2013 年国家启动《绿色建筑行动方案》，在政策层面导向上表明了要大力发展节能、环保、低碳的绿色建筑。2017 年，住房和城乡建设部印发了《建筑业发展"十三五"规划》，强调要推动建筑产业现代化，推广智能和装配式建筑，提高建筑节能水平，推广建筑节能技术，推进绿色建筑规模化发展。同时，党的十九大报告也明确指出："要建设的现代化是人与自然和谐共生的现代化，既要创造更多物质财富和精神财富以满足人民日益增长的美好生活需要，也要提供更多优质生态产品以满足人民日益增长的优美生态环境需要。"

2. 建筑生产工业化

建筑产业化的核心是建筑生产工业化，通过现代工业化的大规模生产方式代替传统的手工业生产方式来建造建筑产品。建筑生产工业化主要体现在建筑设计标准化、中间产品工厂化、施工作业机械化三个部分。

3. 全产业链集成化

借助于信息技术手段，用整体综合集成的方法将工程建设的全部过程组织起来，使设计、采购、施工、机械设备和劳动力实现资源配置更加优化组合；采用工程总承包的组织管理模式，在有限的时间内发挥最有效的作用，提高资源的利用效率，创造更大的效用价值。

4. 产业工人技能化

随着建筑业科技含量的提高，繁重的体力劳动将逐步减少，复杂的技能型操作工序将大幅度增加，这对操作工人的技术能力也提出了更高的要求。因此，实现建筑产业现代化急需强化职业技能培训与考核持证，促进有一定专业技能水平的农民工向高素质的新型产业工人转变。

5. 建造过程精益化

在保证质量、最短工期、消耗量最少资源的条件下，对工程项目管理过程进行重新设计，形成以向用户移交满足使用要求工程为目标的新型建造模式。

6. 项目管理国际化

随着经济全球化，工程项目管理必须与国际接轨，并有机融合。以科学的组织管理来综合协调，以达到提高投资效益的目的。

7. 管理高层职业化

企业只有提升自身的人才培养，不断引进先进技术，提高公司的整体知识水平，努力建设一支会管理、作风硬、技术精的企业高层复合型管理人才队伍，才能使企业在此行业有更长足的发展。

2.3.2 建筑产业化应用优势

（1）劳动生产效率大幅提升。建筑工业化将制造业技术模式、社会化大生产组织模式和现代信息技术加以融合，实现由劳动密集型向科技密集型转变，能够从根本上推进建筑业的技术进步，减轻劳动强度，提高生产效率。

（2）节能、节水、节材、节地。据研究数据，全面采用建筑工业化可实现节能 70%、节水 80%、节材 20%、节地 20%。

（3）无粉尘、无污染，建筑垃圾大幅减少。建筑工业化采用装配式作业，相比传统现浇式作业，大量减少了现场作业，无粉尘、噪声和污水污染。建筑构件均为工业化生产，车间干净、整洁，无污染废弃物排放。另外，最大限度消除人为因素制约，减少了二次装修带来的浪费。

（4）质量可控、成本可控、进度可控、科学安全。

测一测

一、填空题

1. 建筑产业化由_____和_____两部分组成。
2. 金属波形板_____，_____，_____，_____，_____，适用于屋面、墙面。
3. EPS 隔热夹心板是以_____mm 厚的彩色涂层钢板为表面板，_____为芯材，用_____在连续成型机内加热加压复合而成的超轻型建筑板材，是集承重、保温、防水、装修于一体的新型围护结构材料。
4. 建筑生产工业化主要体现在_____、_____、_____三个部分。

二、简答题

1. 分别简述建筑产品产业化和建筑构件产业化的概念。
2. 对比分析预制装配式混凝土结构与现浇混凝土结构的应用优势。

学习笔记

项目 3　装配式建筑施工图识读

学习导图

任务 3.1　装配式剪力墙结构平面布置图识读

学习情境描述

沈阳某高层住宅小区为装配式剪力墙结构，地上 21 层，地下 3 层，房屋高度为 61.900 m，基础为钻孔灌注桩基础。

请以施工单位土建专业技术员的身份，结合《装配式混凝土结构表示方法及示例（剪力墙结构）》(15G107—1)图集内容，识读装配式混凝土结构施工图。

学习目标

知识目标：掌握装配式混凝土剪力墙结构平面施工图制图规则；掌握装配式混凝土剪力墙结构平面布置图识读。

能力目标：能运用装配式混凝土剪力墙结构平面施工图制图规则，识读装配式剪力墙结构平面施工图，掌握预制构件的尺寸，识读剪力墙模板图和配筋图。

素质目标：通过本任务的学习，培养学生团结协作、认真、严谨、敬业的工作作风，培养学生的爱国情怀、民族自信心及创新意识，开拓学生国际视野。通过讲解施工安全法，培养学生知法、守法意识，提高学生道德素质和法治素养，增加学生的社会责任感。

3.1.1 预制剪力墙外墙平面布置图识读

任务书

识读预制剪力墙外墙平面布置图(图3.1、表3.1～表3.3),再进行图纸会审工作。

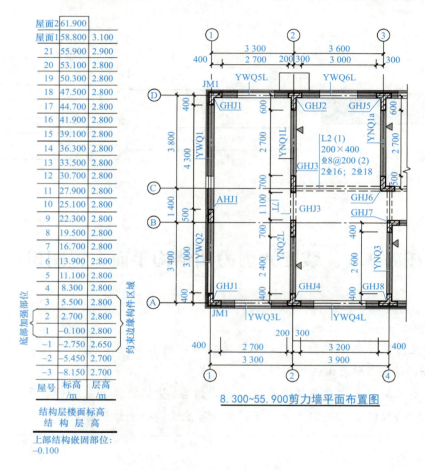

图 3.1 剪力墙平面布置图

表 3.1 剪力墙梁表

编号	所在层号	梁顶相对标高高差	梁截面 $b×h$	上部 2⌀16 纵筋	下部纵筋	箍筋
LL1	4～20	0.000	200×500	2⌀16	2⌀16	⌀8@100(2)

表 3.2 预制墙板表

平面图中编号	内叶墙板	外叶墙板	管线预埋	所在层号	所在轴号	墙厚(内叶墙)/mm	构件质量/t	数量	构件详图页码(图号)
YWQ1	—	—	见大样图	4～20	Ⓑ～Ⓓ/①	200	6.9	17	结施—01
YWQ2	—	—	见大样图	4～20	Ⓐ～Ⓑ/①	200	5.3	17	结施—02

续表

平面图中编号	内叶墙板	外叶墙板	管线预埋	所在层号	所在轴号	墙厚（内叶墙）	构件质量/t	数量	构件详图页码（图号）
YWQ3L	WQC1-3328-1514	wy-1 $a=190$ $b=20$	低区 $X=450$ 高区 $X=280$	4～20	①～②/Ⓐ	200	3.4	17	15G365-1，60、61
YWQ4L	—	—	见大样图	4～20	②～④/Ⓐ	200	3.8	17	结施-03
YWQ5L	WQC1-3328-1514	wy-2 $a=20$ $b=190$ $c_R=590$ $d_R=80$	低区 $X=450$ 高区 $X=280$	4～20	①～2/Ⓓ	200	3.9	17	15G365-1，60、61
YWQ6L	WQC1-3628-1514	wy-2 $a=290$ $b=290$ $c_L=590$ $d_L=80$	低区 $X=450$ 高区 $X=430$	4～20	②～③/Ⓓ	200	4.5	17	15G365-1，64、65
YNQ1	NQ-2728	—	低区 $X=150$ 高区 $X=450$	4～20	Ⓒ～Ⓓ/②	200	3.6	17	15G365-1，16、17
YNQ2L	NQ-2428	—	低区 $X=450$ 高区 $X=750$	4～20	Ⓐ～Ⓑ/②	200	3.2	17	15G365-2，14、15
YNQ3	—	—	见大样图	4～20	Ⓐ～Ⓑ/④	200	3.5	17	结施-04
YNQ1a	NQ-2728	—	低区 $X=150$ 高区 $X=750$	4～20	Ⓒ～Ⓓ/③	200	3.6	17	15G365-2，16、17

表3.3 预制外墙模板表

平面图中编号	所在层号	所在轴号		外墙板厚度/mm	构件质量/t	数量	构件详图页码（图号）
JM1	4～20	Ⓐ/①	Ⓓ/①	60	0.47	34	15G365-1，228

任务分组

全班分组完成任务，每组最多五人，一人为组长，得分高者获胜。

工作准备

1. 阅读工作任务书，识读图纸，进行图纸会审和技术交底，并填写技术交底记录。
2. 收集《装配式混凝土结构表示方法及示例（剪力墙结构）》(15G107-1)。
3. 结合任务书分析识图中的难点和常见问题。

工作实施

引导性问题1：
图3.1中有多少片预制外墙，它们的编号是什么？指出它们所在的位置。

小提示：常用装配式建筑图例见表3.4。

表 3.4　图例

名称	图例	名称	图例
预制钢筋混凝土（包括内墙、内叶墙、外叶墙）		后浇段、边缘构件	
		夹心保温外墙	
保温层		预制外墙模板	
现浇钢筋混凝土墙体			

引导性问题2：

图3.1中剪力墙所在的层数是什么？

_____

_____

引导性问题3：

图3.1中YWQ3L、YWQ5L、YWQ6L的内叶墙板宽度、层高分别是多少？有没有窗洞口？如果有，窗洞口的大小是多少？

_____

_____

引导性问题4：

①轴墙板编号为多少？Ⓐ轴墙板编号为多少？若墙板保温层厚度为60 mm，则墙体总厚度为多少？

_____

_____

评价反馈

学生进行自评，评价自己是否能完成施工图识读的学习，是否能完成预制混凝土结构施工图的识读和按时完成报告内容等实训成果资料、有无任务遗漏。老师对学生进行评价的内容包括：报告书写工整规范，报告内容数据是否出自实训、真实合理、阐述较详细、认识体会较深刻，试验结果分析是否合理，是否起到实训作用。

综合评价表

班级：　　　　　第＿＿＿组　　　　　组长签字＿＿＿＿

学习任务		3.1.1　预制剪力墙外墙平面布置图识读			
评价项目		评价标准	分值	学生评价(40%)	教师评价(60%)
工作过程(60%)	预制构件图例识读	能正确识读，准确理解图例含义及画法	10		
	预制构件尺寸识读	能正确识读构件尺寸	10		
	构件代号识读	能正确识读，准确理解构件含义及标注	10		
	工作态度	态度端正，工作认真、主动	5		
	工作质量	能按计划完成工作任务	5		
	协调能力	与小组成员能合作交流，协调工作	5		
	职业素质	能做到安全生产，文明施工，保护环境，爱护公共设施	5		
	创新意识	通过阅读15G107－1图集能更好地理解图纸内容	5		
	爱国主义精神	具有责任感、民族自豪感及民族自信	5		
项目成果(40%)	工作完整	能按时完成任务	5		
	工作规范	能按规范要求识读	10		
	读图报告	能正确识读图纸，并按照图纸完成读图报告	10		
	成果展示	能准确表达、汇报工作成果	15		
合计			100		

拓展思考题

1. 识读预制混凝土结构平面布置图应注意哪些问题？
2. 预制构件应如何命名？
3. 预制构件与现浇构件有哪些区别？

学习情境的相关知识点

（1）预制混凝土剪力墙平面布置图的表示方法。

1)预制混凝土剪力墙(简称"预制剪力墙")平面布置图应按标准层绘制,内容包括预制剪力墙、现浇混凝土墙体、后浇段、现浇梁、楼面梁、水平后浇带或圈梁等。

2)剪力墙平面布置图应按《装配式混凝土结构表示方法及示例(剪力墙结构)》(15G107—1)第1.0.7条的规定标注结构楼层标高表,并注明上部结构嵌固部位位置。

3)在平面布置图中,应标注未居中承重墙体与轴线的定位,需标明预制剪力墙的门窗洞口、结构洞的尺寸和定位,以及标明预制剪力墙的装配方向。

4)在平面布置图中,应标注水平后浇带或圈梁的位置。

(2)预制混凝土剪力墙编号规定。预制剪力墙编号由墙板代号、序号组成,表达形式应符合表3.5的规定。

表3.5 预制混凝土剪力墙编号

预制墙板类型	代号	序号
预制外墙	YWQ	××
预制内墙	YNQ	××

(3)列表注写方式。为表达清楚、简便,装配式剪力墙墙体结构可视为由预制剪力墙、后浇段、现浇剪力墙身、现浇剪力墙柱、现浇剪力墙梁等构件构成。其中,现浇剪力墙身、现浇剪力墙柱和现浇剪力墙梁的注写方式应符合《混凝土结构施工图平面整体表示方法制图规则和构造详图(现浇混凝土框架、剪力墙、梁、板)》(16G101—1)的规定。

对应于预制剪力墙平面布置图上的编号,在预制墙板表中,选用标准图集中的预制剪力墙或引用施工图中自行设计的预制剪力墙;在后浇段表中,绘制截面配筋图并注写几何尺寸与配筋具体数值。

(4)当选用标准图集的预制混凝土外墙板时,可选类型详见《预制混凝土剪力墙外墙板》(15G365—1)。标准图集的预制混凝土剪力墙由内叶墙板、保温层和外叶墙板组成,工程中常用内页板类型区分不同的外墙板。

标准图集中的内叶墙共5种类型,编号规则如下:

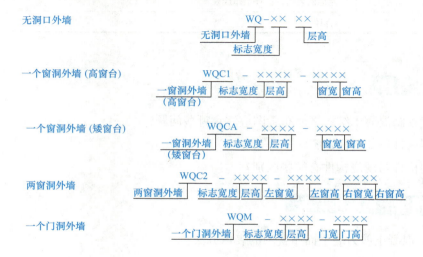

1)无洞口外墙:WQ—××××。WQ 表示无洞口外墙板;四个数字中前两个数字表示墙板标志宽度(以 dm 计),后两个数字表示墙板适用层高(以 dm 计)。

2)一个窗洞高窗台外墙:WQC1—××××—××××。WQC1 表示一个窗洞高窗台外墙板;第一组四个数字,前两个数字表示墙板标志宽度(以 dm 计),后两个数字表示墙板适用层高(以 dm 计);第二组四个数字,前两个数字表示窗洞口宽度(以 dm 计),后两个数字表示窗洞口高度(以 dm 计)。

3)一个窗洞矮窗台外墙:WQCA—××××—××××。WQCA 表示一个窗洞矮窗台外墙板;第一组四个数字,前两个数字表示墙板标志宽度(以 dm 计),后两个数字表示墙板适用层高(以 dm 计);第二组四个数字,前两个数字表示窗洞口宽度(以 dm 计),后两个数字表示窗洞口高度(以 dm 计)。

4)两窗洞外墙:WQC2—××××—××××—××××。WQC2 表示两个窗洞外墙板;第一组四个数字,前两个数字表示墙板标志宽度(按分来计),后两个数字表示墙板适用层高(以 dm 计);第二组四个数字,前两个数字表示左侧窗洞口宽度(以 dm 计),后两个数字表示左侧窗洞口高度(以 dm 计);第三组四个数字,前两个数字表示右侧窗洞口宽度(以 dm 计),后两个数字表示右侧窗洞口高度(以 dm 计)。

5)一个门洞外墙:WQM—××××—××××。WQM 表示一个门洞外墙板;第一组四个数字,前两个数字表示墙板标志宽度(以 dm 计),后两个数字表示墙板适用层高(以 dm 计);第二组四个数字,前两个数字表示门洞口宽度(以 dm 计),后两个数字表示门洞口高度(以 dm 计)。

(5)标准图集中外叶墙板类型及图示。当图纸选用的预制外墙板的外叶板与标准图集中不同时,需给出外叶墙板的尺寸,标准图集中的外叶墙板共有两种类型(图 3.2):

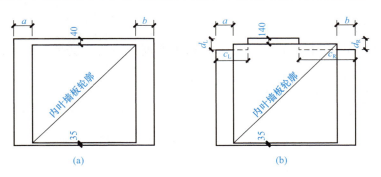

图 3.2 外叶墙板类型及图示
(a)wy—1;(b)wy—2

1)标准外叶墙板 wy—1(a、b),按实际情况标注 a、b。其中,a 和 b 分别是外叶墙板与内叶墙板左右两侧的尺寸差值。

2)带阳台板外叶墙板 wy—2(a、b、c_L 或 c_R、d_L 或 d_R),按实际情况标注 a、b、c、d。

3.1.2　预制剪力墙内墙平面布置图识读

识读预制剪力墙内墙平面布置图(图 3.1、表 3.1~表 3.3)，再进行图纸会审工作。

任务分组

全班分组完成任务，每组最多五人，一人为组长，得分高者获胜。

工作准备

1. 阅读工作任务书，识读图纸，进行图纸会审和技术交底，并填写技术交底记录。
2. 收集《装配式混凝土结构表示方法及示例(剪力墙结构)》(15G107－1)。
3. 结合任务书分析识图中的难点和常见问题。

工作实施

引导性问题 1：

②轴墙板编号为多少？墙体厚度为多少？

_____
_____
_____

引导性问题 2：

图 3.1 中 YNQ1、YNQ2L、YNQ1a 的墙板宽度、层高分别是多少？有没有窗洞口？如果有，窗洞口的大小是多少？

_____
_____
_____

引导性问题 3：

图 3.1 中 YWQ3L 采用的是哪本标准图集？其外叶墙板与内叶墙板左右两侧的尺寸差值为多少？

_____
_____
_____

引导性问题 4：

指出剪力墙梁表中的 LL1 和预制外墙模板表中的 JM1 在图纸中位置。写出图 3.1 中后浇段的编号。

___

评价反馈

学生进行自评，评价是否能完成施工图识读的学习，是否能完成预制混凝土结构施工图的识读和按时完成报告内容等实训成果资料，有无任务遗漏。教师对学生进行评价的内容包括：报告书写是否工整规范，报告内容数据是否出自实训、真实合理、阐述较详细、认识体会较深刻，试验结果分析是否合理，是否起到实训作用。

综合评价表

班级：　　　　　第＿＿＿组　　　　　组长签字＿＿＿＿＿

学习任务		3.1.2　预制剪力墙内墙平面布置图识读			
评价项目		评价标准	分值	学生评价(40%)	教师评价(60%)
工作过程（60%）	预制构件图例识读	能正确识读，准确理解图例含义及画法	10		
	预制构件尺寸识读	能正确识读构件尺寸	10		
	构件代号识读	能正确识读，准确理解构件含义及标注	10		
	工作态度	态度端正，工作认真、主动	5		
	工作质量	能按计划完成工作任务	5		
	协调能力	与小组成员能合作交流，协调工作	5		
	职业素质	能做到安全生产，文明施工，保护环境，爱护公共设施	5		
	创新意识	通过阅读 15G107－1 能更好地理解图纸内容	5		
	爱国主义精神	具有责任感、民族自豪感及民族自信心	5		
项目成果（40%）	工作完整	能按时完成任务	5		
	工作规范	能按规范要求识读	10		
	读图报告	能正确识读图纸，并按照图纸完成读图报告	10		
	成果展示	能准确表达、汇报工作成果	15		
合计			100		

拓展思考题

1. 识读预制剪力墙内墙与外墙的区别。
2. 预制构件的尺寸如何命名？
3. 预制构件编号的尺寸单位一般是什么？

学习情境的相关知识点

1. 内墙板编号及示例

标准图集中的内叶墙共 4 种类型，编号规则如下：

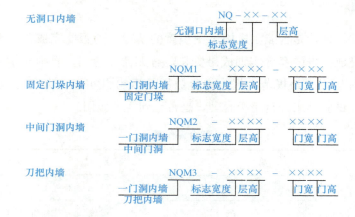

(1) 无洞口内墙：NQ－××××。NQ 表示无洞口内墙板；四个数字中前两个数字表示墙板标志宽度(以 dm 计)，后两个数字表示墙板适用层高(以 dm 计)。

(2) 固定门垛内墙：NQM1－××××－××××。NQM1 表示固定门垛内墙板，门洞位于墙板一侧；第一组四个数字，前两个数字表示墙板标志宽度(以 dm 计)，后两个数字表示墙板适用层高(以 dm 计)；第二组四个数字，前两个数字表示门洞口宽度(以 dm 计)，后两个数字表示门洞口高度(以 dm 计)。

(3) 中间门洞内墙：NQM2－××××－××××。NQM2 表示中间门洞内墙板，门洞位于墙板中间；第一组四个数字，前两个数字表示墙板标志宽度(以 dm 计)，后两个数字表示墙板适用层高(以 dm 计)；第二组四个数字，前两个数字表示门洞口宽度(以 dm 计)，后两个数字表示门洞口高度(以 dm 计)。

(4) 刀把内墙：NQM3－××××－××××。NQM3 表示刀把内墙板，门洞位于墙板侧边，无门垛，墙板似刀把形状；第一组四个数字，前两个数字表示墙板标志宽度(以 dm 计)，后两个数字表示墙板适用层高(以 dm 计)；第二组四个数字，前两个数字表示门洞口宽度(以 dm 计)，后两个数字表示门洞口高度(以 dm 计)。

2. 后浇段的表示

后浇段编号由后浇段类型代号和序号组成，表达形式应符合表 3.6 的规定。

表 3.6 后浇段编号

后浇段类型	代号	序号
约束边缘构件后浇段	YHJ	××
构造边缘构件后浇段	GHJ	××
非边缘构件后浇段	AHJ	××
注：在编号中，如若干后浇段的截面尺寸与配筋均相同，仅截面与轴线关系不同时，可将其编为同一后浇段号；约束边缘构件后浇段包括有翼墙和转角墙两种；构造边缘构件后浇段包括构造边缘翼墙、构造边缘转角墙、边缘暗柱三种。		

【例】 YHJ1：表示约束边缘构件后浇段，编号为 1。

【例】 GHJ5：表示构造边缘构件后浇段，编号为 5。

【例】 AHJ3：表示非边缘暗柱后浇段，编号为 3。

后浇段信息一般会集中注写在后浇段表中，后浇段表中表达的内容包括：

(1)注写后浇段编号(表 3.6)，绘制该后浇段的截面配筋图，标注后浇段几何尺寸。

(2)注写后浇段的起止标高，自后浇段根部往上以变截面位置或截面未变但配筋改变处为界分段注写。

(3)注写后浇段的纵向钢筋和箍筋，注写值应与表中绘制的截面配筋对应一致。纵向钢筋注纵筋直径和数量；后浇段箍筋、拉筋的注写方式与现浇剪力墙结构墙柱箍筋的注写方式相同。

(4)预制墙板外露钢筋尺寸应标注至钢筋中线，保护层厚度应标注至箍筋外表面。

后浇段中的配筋信息将在节点详图识读中介绍。

3. 预制混凝土叠合梁编号

预制混凝土叠合梁编号由代号和序号组成，表达形式应符合表 3.7 的规定。

表 3.7 预制混凝土叠合梁编号表

名称	代号	序号
预制叠合梁	DL	××
预制叠合连梁	DLL	××
注：在编号中，如若干预制叠合梁的截面尺寸与配筋均相同，仅梁与轴线关系不同时，可将其编为同一叠合梁编号，但应在图中注明与轴线的几何关系。		

【例】 DL1：表示预制叠合梁，编号为 1。

【例】 DLL3：表示预制叠合连梁，编号为 3。

4. 预制外墙模板编号

当预制外墙节点处需设置连接模板时，可采用预制外墙模板。预制外墙模板编号由类型代号和序号组成，表达形式应符合表 3.8 的规定。

表 3.8 预制外墙模板编号表

名称	代号	序号
预制外墙模板	JM	××
注：序号可为数字，或数字加字母。		

测一测

识读图3.3、图3.4并回答问题。

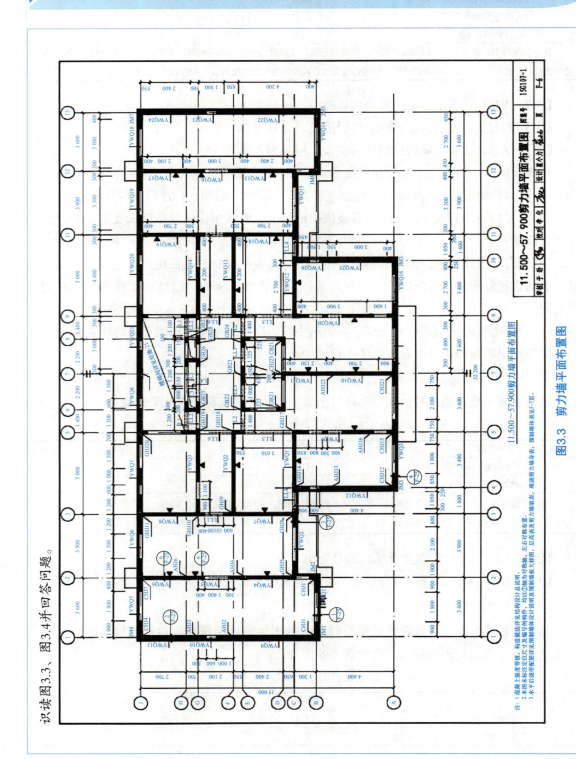

图3.3 剪力墙平面布置图

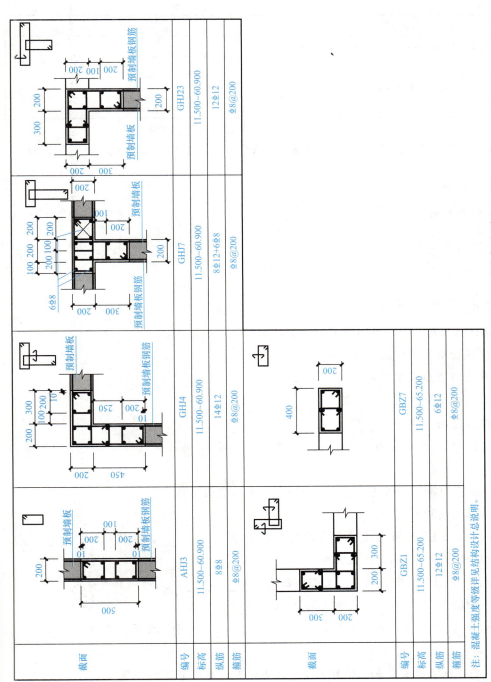

图3.4 后浇段及剪力墙柱表（部分）

1. 请查阅相关资料，补充完成表3.9中缺失的图集名或图集编号。

表3.9 补充表

图集名称	图集编号
装配式混凝土结构表示方法及示例(剪力墙结构)	
	15G310—1
预制混凝土剪力墙外墙板	
	15G365—2

2. 请写出下列预制外墙板在标准图集中的代号，并将其与对应预制剪力墙简图相连。

无洞口外墙

一个门洞外墙

一个窗洞外墙(矮窗洞)

两窗洞外墙

一个窗洞外墙(高窗洞)

3. 结合结构层高识读剪力墙平面图，并回答下列问题。

(1)建筑物层高和标高所用单位为_____。

(2)剪力墙平面布置图图名为_____。

(3)对应该建筑_____层。

(4)建筑总高度为_____，总层数为_____。

若所绘制剪力墙平面图适用于该建筑第6层至第10层，则该剪力墙平面图图名为_____。

4. 结合剪力墙梁表识读剪力墙平面图，并回答下列问题。

(1)剪力墙梁构件代号_____。

(2)编号为LL2的剪力墙梁所在建筑楼层号为_____，梁截面为_____。且在剪力墙平面图中圈出其所在位置。

(3)编号为LL5的剪力墙梁，上部纵筋根数为_____，上部纵筋直径为_____，下部纵筋根数为_____，下部纵筋直径为_____。

(4)编号为LL6的剪力墙梁箍筋直径为_____，箍筋放置间距为_____，箍筋形式为_____。

5. 结合预制墙板索引表识读剪力墙平面布置图，并回答下列问题。

(1)剪力墙平面图中编号为YWQ1的预制剪力墙选用构件的编号为_____，在标准图集_____(需写明图集名称及编号)中第_____页可找到。

(2)标准图集中编号为 WQC1—3629—1814 表示的预制剪力墙类型为_____，编号中 36 代表_____，29 代表_____，18 代表_____，14 代表_____。

(3)根据标准图集命名规则，若预制墙板类型为无洞口外墙板，墙宽 2 700 mm，墙高 2 900 mm，则其在标准图集中的编号为_____，可在标准图集_____（需写明图集名称及编号）中第_____页可找到。

(4)平面图中编号为 YWQ11 的预制墙板，其所在层号为_____，所在轴号为_____，并在剪力墙平面布置图中将其圈出。

6. 什么是后浇段？后浇段有什么作用？

7. 识读后浇段及剪力墙柱表，回答下列问题。

(1)后浇段表中编号为 AHJ3 的后浇段，按后浇段形式分类是_____，按后浇段作用分类是_____。

(2)其所在的层高标高为_____。

(3)AHJ3 后浇段中纵筋根数为_____，纵筋直径为_____。

(4)AHJ3 后浇段中箍筋直径为_____，间距为_____。

(5)在剪力墙平面图中圈出该后浇段位置。

8. 识读图 3.5 后浇段结构图，并回答下列问题。

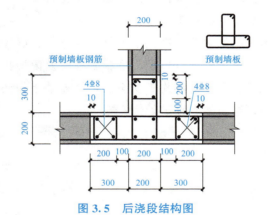

图 3.5　后浇段结构图

(1)图中后浇段按形式分类是_____，按作用分类是_____。

(2)仿照后浇段及剪力墙柱表，完成表 3.10。

表 3.10　填表

编号	
标高	
纵筋	
箍筋	

任务 3.2　装配式剪力墙结构构件详图识读

学习情境描述

沈阳某高层住宅小区为装配式剪力墙结构，地上 21 层，地下 3 层，房屋高度为 61.900 m，基础为钻孔灌注桩基础。

请以施工单位土建专业技术员的身份，结合《预制混凝土剪力墙外墙板》(15G365—1)图集内容，识读装配式剪力墙结构模板图和配筋图。

学习目标

知识目标：掌握装配式混凝土剪力墙结构模板图和配筋图的制图规则；掌握装配式混凝土剪力墙结构模板图和配筋图识读。

能力目标：能运用 15G365—1 图集装配式混凝土剪力墙结构模板图和配筋图的制图规则，识读装配式剪力墙结构模板图和配筋图，掌握预制构件的尺寸、预埋件的位置数量、墙板钢筋的根数及下料长度等。

素质目标：通过本任务的学习，增强学生自学和分析、解决问题能力。培养学生团结协作、认真、严谨、敬业的工作作风，培养学生的爱国情怀、民族自信心及创新意识，开拓学生国际视野。通过讲解施工安全法，培养学生知法、守法意识，提高学生道德素质和法治素养，增加学生的社会责任感。

3.2.1　无洞外墙板模板图识读

任务书

识读预制剪力墙外墙平面布置图(图 3.6)，并进行图纸会审工作。

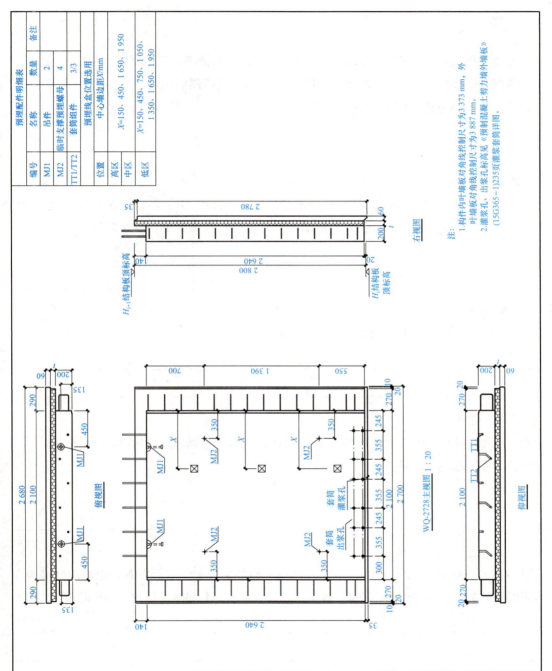

图3.6 WQ-2728模板图

任务分组

全班分组完成任务，每组最多五人，一人为组长，得分高者获胜。

工作准备

1. 阅读工作任务书，识读图纸，进行图纸会审和技术交底，并填写技术交底记录。
2. 掌握《预制混凝土剪力墙外墙板》(15G365—1)中模板图的识读。
3. 结合任务书分析识图中的难点和常见问题。

工作实施

引导性问题1：

内叶墙板宽是多少（不含出筋）？高是多少（不含出筋）？厚是多少？保温板宽是多少？高是多少？（厚度按设计选用确定）。外叶墙板宽是多少？高是多少？厚是多少？

_____

_____

引导性问题2：

内叶墙板底部预埋多少个灌浆套筒？

_____

_____

引导性问题3：

内叶墙板顶部有多少个预埋吊件，编号是什么？与内叶墙板内侧边间距是多少？与内叶墙板左右两侧边的间距是多少？

_____

_____

引导性问题4：

内叶墙板内侧面有多少个临时支撑预埋螺母，编号是什么？矩形布置，距离内叶墙板左右两侧边均为多少？下部螺母距离内叶墙板下边缘为多少？上部螺母与下部螺母间距为多少？

_____

_____

引导性问题5：

内叶墙板内侧面有多少个预埋电气线盒？

_____

评价反馈

学生进行自评，评价是否能完成施工图识读的学习，是否能完成预制混凝土结构施工图的识读和按时完成报告内容等实训成果资料、有无任务遗漏。教师对学生进行的评价内容包括：报告书写是否工整规范，报告内容数据是否出自实训、真实合理、阐述较详细、认识体会较深刻，试验结果分析是否合理、是否起到实训作用。

综合评价表

班级：　　　　　　第＿＿＿组　　　　　　组长签字＿＿＿＿

学习任务		3.2.1　无洞外墙板模板图识读			
评价项目		评价标准	分值	学生评价(40%)	教师评价(60%)
工作过程(60%)	预制构件图例识读	能正确识读，准确理解图例含义及画法	10		
	预制构件尺寸识读	能正确识读构件尺寸	10		
	构件代号识读	能正确识读，准确理解构件含义及标注	10		
	工作态度	态度端正，工作认真、主动	5		
	工作质量	能按计划完成工作任务	5		
	协调能力	与小组成员能合作交流，协调工作	5		
	职业素质	能做到安全生产，文明施工，保护环境，爱护公共设施	5		
	创新意识	通过阅读15G107－1图集能更好地理解图纸内容	5		
	爱国主义精神	具有责任感、民族自豪感及民族自信心	5		
项目成果(40%)	工作完整	能按时完成任务	5		
	工作规范	能按规范要求识读	10		
	读图报告	能正确识读图纸，并按照图纸完成读图报告	10		
	成果展示	能准确表达、汇报工作成果	15		
合计			100		

拓展思考题

1. 阐述预制剪力墙外墙板的生产流程。
2. 阐述预制剪力墙外墙板的安装过程。
3. 阐述套筒灌浆的施工流程。

学习情境的相关知识点

1. 内叶墙板、保温板和外叶墙板的相对位置关系

通过识读WQ-2728模板图，可以得到其内叶墙板、保温板和外叶墙板的相对位置关系如下：

(1)厚度方向：由内而外依次是内叶墙板、保温板和外叶墙板。

(2)宽度方向：内叶墙板、保温板、外叶墙板均同中心轴对称布置，内叶墙板与保温板板边距 270 mm，保温板与外叶墙板板边距 20 mm。

(3)高度方向：内叶墙板底部高出结构板顶标高 20 mm（灌浆区），顶部低于上一层结构板顶标高 140 mm（水平后浇带或后浇圈梁）。保温板底部与内叶墙板底部平齐，顶部与上一层结构板顶标高平齐。外叶墙板底部低于内叶墙板底部 35 mm，顶部与上一层结构板顶标高平齐。

2. WQ-2728 模板图基本信息

(1)基本尺寸：内叶墙板宽 2 100 mm（不含出筋），高 2 640 mm（不含出筋，底部预留 20 mm 高灌浆区，顶部预留 140 mm 高后浇区，合计层高为 2 800 mm），厚 200 mm。保温板宽 2 640 mm，高 2 780 mm，厚度按设计选用确定。外叶墙板宽 2 680 mm，高 2 815 mm，厚 60 mm。

(2)预埋灌浆套筒：内叶墙板底部预埋 6 个灌浆套筒，在墙板宽度方向上间距 300 mm 均匀布置，内、外两层钢筋网片上的套筒交错布置。套筒的灌浆孔和出浆孔均设置在内叶墙板内侧面上（设置墙板临时斜支撑的一侧，下同，同一个套筒的灌浆孔和出浆孔竖向布置，灌浆孔在下，出浆孔在上。灌浆孔和出浆孔的间距因不同工程墙板配筒直径不同会有所不同，但灌浆孔和出浆孔各自都处在同一水平高度上。灌浆孔在下，出浆孔在上，灌浆孔和出浆孔因不同工程墙板配筋的间距不同会有所不同，但灌浆孔和出浆孔各自都必须处在同一水平高度上。因此外侧钢筋网在施工时，绕过灌浆套筒出浆孔的位置，故灌浆孔间或出浆孔间的水平间距不均匀。

(3)预埋吊件：内叶墙板顶部有 2 个预埋吊件，编号 MJ1，布置在与内叶墙板内侧边间距 135 mm，分别与内叶墙板左、右两侧边间距 450 mm 的对称位置处。

(4)预埋螺母：内叶墙板内侧面有 4 个临时支撑预埋螺母，编号 MJ2，矩形布置，距离内叶墙板左右两侧边均为 350 mm，下部螺母距离内叶墙板下边缘 550 mm，上部螺母与下部螺母间距 1 390 mm。

(5)预埋电气线盒：内叶墙板内侧面有 3 个预埋电气线盒，线盒中心位置与墙板外边缘间距可根据工程实际情况从预埋线盒位置选用表中选取。

(6)其他：内叶墙板两侧边出筋长度均为 200 mm。内叶墙板两侧均预留 30 mm×5 mm 凹槽，保障预制混凝土与后浇混凝土接缝处外观平整，同时也能够防止后浇混凝土漏浆，内叶墙板对角线控制尺为 3 373 mm，外叶墙板对角线控制尺为 3 887 mm。

3.2.2　无洞外墙板配筋图识读

无洞外墙板配筋图，如图 3.7 所示。

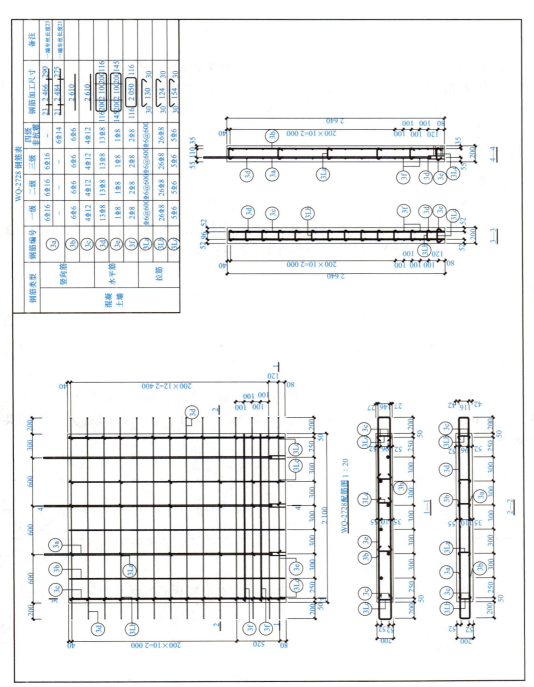

图3.7 WQ-2728 配筋图

任务分组

全班分组完成任务，每组最多五人，一人为组长，得分多者获胜。

工作准备

1. 阅读工作任务书，识读图纸，进行图纸会审和技术交底，并填写技术交底记录。
2. 掌握《预制混凝土剪力墙外墙板》(15G365—1)中配筋图的识读。
3. 结合任务书分析识图中的难点和常见问题。

工作实施

引导性问题1：

与灌浆套筒连接的竖向分布筋编号为③a，自墙板边多少 mm 处开始布置？间距为多少？两层网片上隔一设一。一、二、三级抗震要求时配筋为什么？下端车丝与灌浆套筒机械连接，长度为多少？上端车丝与上一层墙板中的灌浆套筒连接，外伸为多少？

_____

_____

_____

引导性问题2：

不与灌浆套筒连接的竖向分布筋编号为③b，沿墙板高度通长布置，是否外伸？自墙板边多少 mm 开始布置？间距为多少？与竖向分布筋③a间隔布置。图3.8中墙板内、外侧共计多少根？

_____

_____

_____

引导性问题3：

墙端端部竖向构造筋编号为③c，距离墙板边多少？沿墙板高度通长布置，是否外伸？每端设置多少根？

_____

_____

_____

引导性问题 4：
墙体水平分布筋编号为③d，自墙板顶部多少 mm 处开始？顶部 2 道钢筋的间距为多少？随后的 11 道钢筋的间距为多少？共布置多少道？水平分布筋在墙体两侧各外伸多少？

_____
_____
_____

引导性问题 5：
灌浆套筒顶部水平加密筋编号为③f，灌浆套筒顶部以上至少 300 mm 范围，与墙体水平分布筋间隔设置，形成间距为多少 mm 的加密区？若不外伸，同高度处的两根水平加密筋端部连接做成封闭箍筋形式，箍住最外侧的端部竖向构造筋，需设置多少道水平加密筋？

_____
_____
_____

引导性问题 6：
灌浆套筒处水平加密筋编号为③e，自墙板底部多少 mm 处（中心距）布置一根，在墙体两侧各外伸多少？

_____
_____
_____

引导性问题 7：
墙体拉结筋编号为③La，矩形布置，间距为多少？

_____
_____
_____

引导性问题 8：
端部拉结筋编号为③Lb，端部竖向构造筋与墙体水平分布筋交叉点处拉结筋，每节点均设置，两端共计多少根？

_____
_____
_____

引导性问题 9：

底部拉结筋编号为③Lc，与灌浆套筒处水平加密筋节点对应的拉结筋自端节点起间距不大于多少，共计多少根？

_____

_____

_____

评价反馈

学生进行自评，评价自己是否能完成施工图识读的学习，是否能完成预制混凝土结构施工图的识读和按时完成报告内容等实训成果资料、有无任务遗漏。教师对学生进行的评价内容包括：报告书写是否工整规范，报告内容数据是否出自实训、真实合理、阐述较详细、认识体会较深刻，实验结果分析是否合理，是否起到了实训的作用。

综合评价表

班级：　　　　　　　　　第____组　　　　　　　　　组长签字_____

学习任务		3.2.2　无洞外墙板配筋图识读			
评价项目		评价标准	分值	学生评价(40%)	教师评价(60%)
工作过程(60%)	预制构件图例识读	能正确识读，准确理解图例含义及画法	10		
	预制构件尺寸识读	能正确识读构件尺寸	10		
	构件代号识读	能正确识读，准确理解构件含义及标注	10		
	工作态度	态度端正，工作认真、主动	5		
	工作质量	能按计划完成工作任务	5		
	协调能力	与小组成员能合作交流，协调工作	5		
	职业素质	能做到安全生产，文明施工，保护环境，爱护公共设施	5		
	创新意识	通过阅读 15G107-1 图集能更好地理解图纸内容	5		
	爱国主义精神	具有责任感、民族自豪感及民族自信心	5		
项目成果(40%)	工作完整	能按时完成任务	5		
	工作规范	能按规范要求识读	10		
	读图报告	能正确识读图纸，并按照图纸完成读图报告	10		
	成果展示	能准确表达、汇报工作成果	15		
	合计		100		

拓展思考题

1. 识读预制剪力墙内墙与外墙模板图和配筋图的区别。

2. 识别叠合板与预制墙板图纸。

学习情境的相关知识点

工作准备：

从 WQ-2728 钢筋图中可以识读出以下信息(本部分仅包含内叶墙板配筋，仅读取位置及分布信息，钢筋具体尺寸参见钢筋表)：

(1)基本形式：内外两层钢筋网片，水平分布筋在外，竖向分布筋在内。水平分布筋在灌浆套筒及其顶部加密布置，墙端设置端部竖向构造筋。

(2)6⊕16 与灌浆套筒连接的竖向分布筋③a：自墙板边 300 mm 开始布置，间距为 300 mm，两层网片上隔一设一。本图中墙板内、外侧均设置 3 根，共计 6 根。一、二、三级抗震要求时为 6⊕16，下端攻螺纹，长度为 23 mm，与灌浆套筒机械连接。上端外伸 290 mm，与上一层墙板中的灌浆套筒连接。四级抗震要求时为 6⊕14，下端攻螺纹长度 21 mm，上端外伸 275 mm。

(3)6⊕6 不连接灌浆套筒的竖向分布筋③b：沿墙板高度通长布置，不外伸。自墙板边 300 mm 开始布置，间距为 300 mm，与连接灌浆套筒的竖向分布筋③a 间隔布置。图 3.9 中墙板内、外侧均设置 3 根，共计 6 根。

(4)4⊕12 墙端端部竖向构造筋③c：距离墙板边为 50 mm，沿墙板高度通长布置，不外伸。每端设置 2 根，共计 4 根。

(5)13⊕8 墙体水平分布筋③d：自墙板顶部 40 mm 处(中心距)开始，间距 200 mm 布置，共计 13 道。水平分布筋在墙体两侧各外伸 200 mm，同高度处的两根水平分布筋外伸后端部连接形成预留外伸 U 形筋的形式。

(6)1⊕8 灌浆套筒处水平加密筋③e：自墙板底部 80 mm 处(中心距)布置一根，在墙体两侧各外伸 200 mm，同高度处的两根水平加密筋外伸后端部连接形成预留外伸 U 形筋的形式。需注意的是，因灌浆套筒尺寸关系，该处的水平加密筋并不在钢筋网片平面内，其外伸后形成的 U 形筋端部尺寸与其他水平筋不同。

(7)2⊕8 灌浆套筒顶部水平加密筋③f：灌浆套筒顶部以上至少 300 mm 范围，与墙体水平分布筋间隔设置，形成间距 100 mm 的加密区。共设置 2 道水平加密筋，不外伸，同高度处的两根水平加密筋端部连接做成封闭箍筋形式，箍住最外侧的端部竖向构造筋。

(8)⊕6@600 墙体拉结筋③La：矩形布置，间距为 600 mm。墙体高度上自顶部节点向下布置(底部水平筋加密区，因高度不满足 2 倍间距要求，实际布置间距变小)。墙体宽度方向上因有端部拉结筋，自第 3 列节点开始布置。共计 15 根。

(9)26⊕6 端部拉结筋③Lb：端部竖向构造筋与墙体水平分布筋交叉点处拉结筋，每节点均设置，两端共计 26 根。

(10)5⊕6 底部拉结筋③Lc：与灌浆套筒处水平加密筋节点对应的拉结筋，自端节点起，间距不大于 600 mm，共计 5 根。

测一测

识读图3.8、图3.9并回答问题。

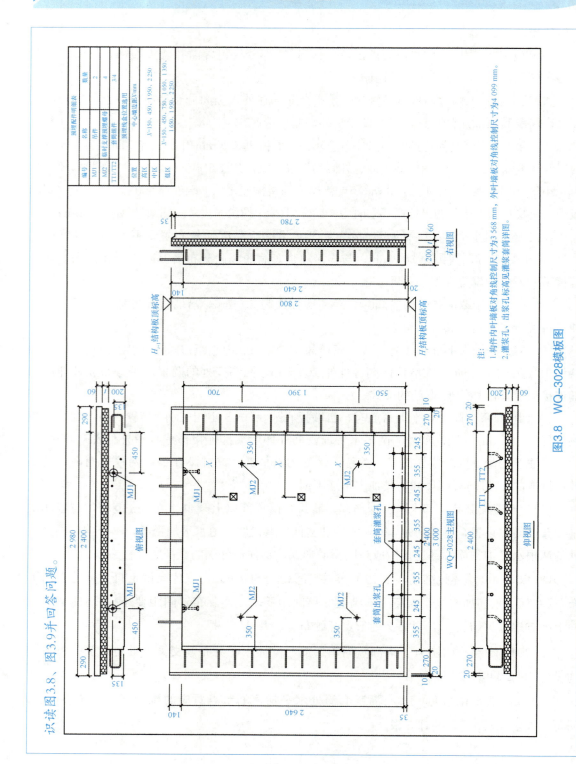

图3.8 WQ-3028模板图

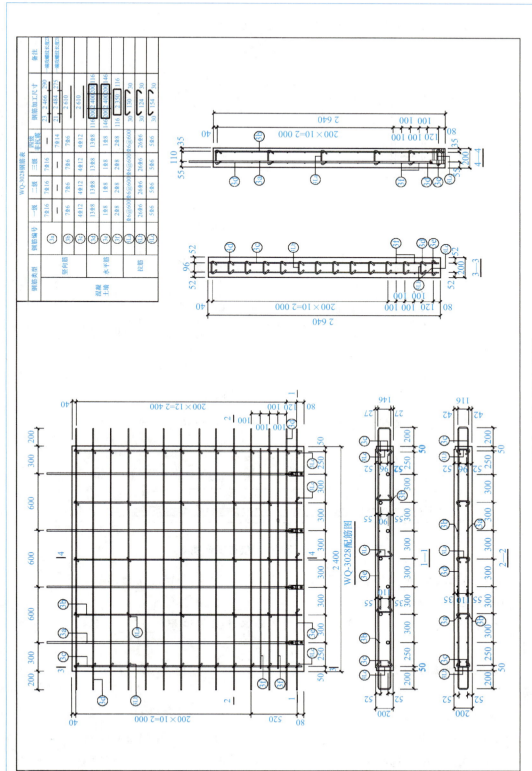

图3.9 WQ-3028配筋图

1. 请注写出无洞口预制外墙模板图主视图 3.10 中各构件名称。

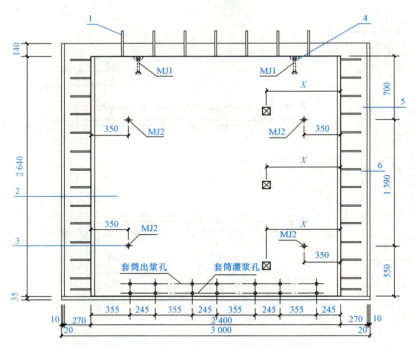

图 3.10　无洞口预制外墙模板图主视图

2. 请注写出无洞口预制外墙模板图仰视图（图 3.11）中构件名称。

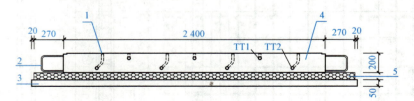

图 3.11　无洞口预制外墙模板图仰视图

3. 请识读无洞口预制外墙模板图（图 3.11、图 3.12），并回答下列问题。

（1）所选无洞口预制外墙模板图图名为_____。

（2）该预制外墙板可在标准图集（需写明图集名及图集编号）_____第_____页找到。

（3）该预制外墙板墙宽为_____，墙高为_____，内叶墙板厚为_____，保温层厚为_____，外叶墙板厚为_____。

（4）该预制墙体采用的连接技术是_____。

（5）该预制墙体中预埋件吊件数量为_____，临时支撑预埋螺母数量为_____。

（6）若预埋线盒位置选择为中区，则其中心墙边距为_____，并在图纸中圈出该预埋线盒位置。

4. 在图 3.12 中标注出该预制墙体需进行粗糙面处理的地方。

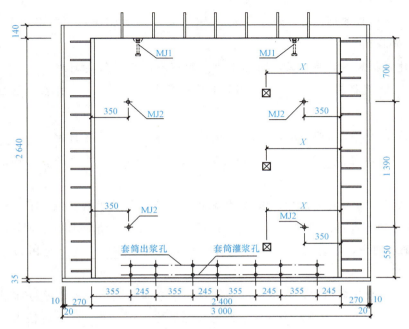

图 3.12 预制墙体

5. 请注写出图 3.13 中各钢筋类型名称。

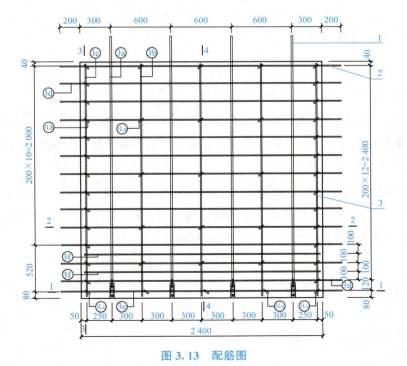

图 3.13 配筋图

6. 识读 WQ-3028 配筋图(图 3.9),回答下列问题。

(1)所选无洞口预制外墙配筋图图名为_____。

(2)该预制墙板配筋图可在标准图集_____(需写明图集名及图集编号)第_____页找到。

(3)若建筑抗震等级为一级,则编号为 ③a 的钢筋,其钢筋类别为_____,根数为_____,直径为_____,钢筋下料长度为_____,并在配筋图中圈出其所在位置。

(4)若建筑抗震等级为一级,则编号为 ③Lb 的钢筋,其钢筋类别为_____,根数为_____,直径为_____,钢筋下料长度为_____,并在配筋图中圈出其所在位置。

(5)当采用套筒灌浆连接时,根据《装配式混凝土结构技术规程》(JGJ 1—2014)自套筒底部至套筒顶部并向上延伸_____范围内,预制剪力墙的水平分布筋应加密,在 WQ-3028 配筋图中,自套筒底部至套筒顶部并向上延伸_____范围内对水平分布筋进行了加密。

(6)WQ-3028 配筋图中,从楼面往上布置水平分布筋,第一排水平分布筋距墙底距离为_____,最后一排水平分布筋距墙顶距离为_____,加密区水平分布筋间距为_____,非加密区水平分布筋间距为_____。

(7)墙身拉筋有_____和_____两种构造,如设计未明确注明,一般采用_____布置。一般情况,墙身拉筋间距是墙水平筋或竖向筋的_____倍。

7. 按比例 1∶20,用 CAD 绘制 WQ-3028 配筋图。

■ 拓展任务 识读叠合板模板及配筋图

叠合楼盖施工图主要包括预制底板平面布置图、现浇层配筋图、水平后浇带或圈梁布置图。叠合楼盖的制图规则适用于以剪力墙、梁为支座的叠合楼(屋)面板施工图。

1. 叠合楼盖施工图的表示方法

所有叠合板块应逐一编号,相同编号的板块可择其一做集中标注,其他仅注写置于圆圈内的板编号。当板面标高不同时,在板编号的斜线下标注标高高差,下降为负(—)。叠合板编号由叠合板代号和序号组成,表达形式应符合表 3.11 的规定。

表 3.11 叠合板编号表

叠合板类型	代号	序号
叠合楼面板	DLB	××
叠合屋面板	DWB	××
叠合悬挑板	DXB	××
注:序号可为数字,或数字加字母。		

【例】 DLB3：表示楼板为叠合板，编号为3。

【例】 DWB2：表示屋面板为叠合板，编号为2。

【例】 DXB1：表示悬挑板为叠合板，编号为1。

2. 叠合楼盖现浇层的标注

叠合楼盖现浇层注写方法与《混凝土结构施工图平面整体表示方法制图规则和构造详图（现浇混凝土框架、剪力墙、梁、板）》(16G101—1)的"有梁楼盖板平法施工图的表示方法"相同，同时应标注叠合板编号。

3. 标准图集中叠合板底板编号

预制底板平面布置图中需要标注叠合板编号、预制底板编号、各块预制底板尺寸和定位。当选用标准图集中的预制底板时，可选类型详见《桁架钢筋混凝土叠合板(60 mm厚底板)》(15G366—1)，可直接在板块上标注标准图集中的底板编号。当自行设计预制底板时，可参照标准图集的编号规则进行编号。标准图集中预制底板编号规则如下：

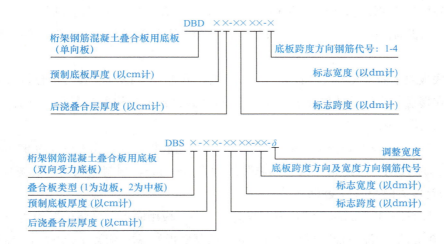

（1）单向板：DBD××—××××—×：DBD表示桁架钢筋混凝土叠合板用底板（单向板），DBD后第一个数字表示预制底板厚度（以cm计），DBD后第二个数字表示后浇叠合层厚度（以cm计）；第一组四个数字中，前两个数字表示预制底板的标志跨度（以dm计），后两个数字表示预制底板的标志宽度（以dm计）；第二组数字表示预制底板跨度方向钢筋代号（具体配筋见表3.12）。

表3.12 单向板底板钢筋编号表

代号	1	2	3	4
受力钢筋规格及间距	$\Phi 8@200$	$\Phi 8@150$	$\Phi 10@200$	$\Phi 10@150$
分布钢筋规格及间距	$\Phi 6@200$	$\Phi 6@200$	$\Phi 6@200$	$\Phi 6@200$

（2）双向板：DBS×—××—××××—××—δ：DBS表示桁架钢筋混凝土叠合板用底板（双向板），DBS后面的数字表示叠合板类型，其中1为边板，2为中板；第一组两个数

字中，第一个数字表示预制底板厚度（以 cm 计），第二个数字表示后浇叠合层厚度（以 cm 计）；第二组四个数字中，前两个数字表示预制底板的标志跨度（以 dm 计），后两个数字表示预制底板的标志宽度（以 dm 计）；第三组两个数字表示预制底板跨度及宽度方向钢筋代号（具体配筋见表 3.13）；最后的 δ 表示调整宽度（指后浇缝的调整宽度）。

表 3.13 双向板底板跨度、宽度方向钢筋代号组合表

宽度方向钢筋 \ 跨度方向钢筋编号	⌀8@200	⌀8@150	⌀10@200	⌀10@150
⌀8@200	11	21	31	41
⌀8@150	—	22	32	42
⌀8@100	—	—	—	43

预制底板为单向板时，应标注板边调节缝和定位。预制底板为双向板时，应标注接缝尺寸和定位。当板面标高不同时，标注底板标高高差，下降为负（—）。同时应绘制出预制底板表。

预制底板表中需要标明叠合板编号、板块内的预制底板编号及其与叠合板编号的对应关系、所在楼层、构件质量和数量、构件详图页码（自行设计构件为图号）、构件设计补充内容（线盒、预留洞位置等）。

【例】 DBD67—3324—2：表示单向受力叠合板用底板，预制底板厚度为 60 mm，后浇叠合层厚度为 70 mm，预制底板的标志跨度为 3 300 mm，预制底板的标志宽度为 2 400 mm，底板跨度方向配筋为 ⌀8@150。

【例】 DBS1—67—3924—22：表示双向受力叠合板用底板，拼装位置为边板，预制底板厚度为 60 mm，后浇叠合层厚度为 70 mm，预制底板的标志跨度为 3 900 m，预制底板的标志宽度为 2 400 mm，底板跨度方向、宽度方向配筋均为 ⌀8@150。

4. 叠合底板接缝

叠合楼盖预制底板接缝需要在平面上标注其编号、尺寸和位置，并需给出接缝的详图，接缝编号规则见表 3.14，底板接缝钢筋构造将在节点详图识读中进行介绍。

表 3.14 叠合板底板接缝编号

名称	代号	序号
叠合板底板接缝	JF	××
叠合板底板密拼接缝	MF	—

（1）当叠合楼盖预制底板接缝选用标准图集时，可在接缝选用表中写明节点选用图集号、页码、节点号和相关参数。

（2）当自行设计叠合楼盖预制底板接缝时，需由设计单位给出节点详图。

【例】 JF1：表示叠合板之间的接缝，序号为1。

5. 水平后浇带和圈梁标注

需在平面上标注水平后浇带或圈梁位置，水平后浇带编号由代号和序号组成（表3.15）。水平后浇带信息可集中注写在水平后浇带表中，表的内容包括平面中的编号、所在平面位置、所在楼层及配筋。水平后浇带和圈梁钢筋构造将在节点详图识图中进行介绍。

表3.15 水平后浇带编号

类型	代号	序号
水平后浇带	SHJD	××

【例】 SHJD3：表示水平后浇带，序号为3。

学习笔记

项目 4　装配式建筑预制构件生产与施工

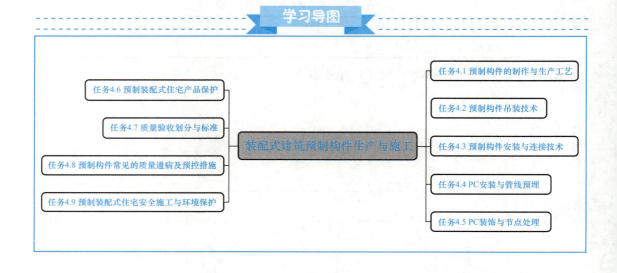

任务 4.1　预制构件的制作与生产工艺

学习情境描述

为了更深入地了解预制构件的制作与生产工艺，学校组织学生们参观预制构件生产工厂，通过实际的操作和观看，使学生可以更深入地学习装配式建筑，并掌握预制构件的制作与生产工艺。

学习目标

知识目标：通过对预制构件制作与生产工艺的介绍和实例分析，掌握装配式建筑预制构件制作与生产工艺的方法和流程。

能力目标：能运用掌握的预制构件的制作与生产工艺，在以后的学习和实践中更快地和岗位无缝对接，为以后工作提供知识与理论基础。

素质目标：通过讲解预制构件制作与生产工艺，培养学生团结协作、认真、严谨、敬业的工作作风，培养学生的爱国情怀、民族自信心及创新意识，开拓学生的国际视野。

任务书

具体要求：
1. 通过多重手段收集预制构件的制作与生产工艺资料。
2. 综合分析所收集资料，对预制构件的制作与生产工艺进行总结。
3. 制作PPT，由组长对本组总结情况进行简述。

任务分组

全班分组完成任务，每组最多五人，一人为组长，得分高者获胜。

工作准备

1. 组长对组员进行任务分工。
2. 调查装配式建筑预制构件的制作与生产工具及原料。
3. 结合任务书分析预制构件制作与生产的施工难点和常见问题。

工作实施

引导性问题1：
简述PC外墙板生产工艺流程。

_____
_____
_____
_____
_____

引导性问题2：
在模具设计与组装过程中应注意哪些问题？

_____
_____
_____
_____
_____

引导性问题 3：
如何对墙板外观进行质量检验？

_____
_____
_____
_____
_____

评价反馈

本任务采用学生与教师综合评价的形式，测试学生是否掌握 PC 外墙板的生产工艺流程、外观检测与模具设计和组装的要点，检查学习内容是否存在缺项、漏项。

综合评价表

班级：_____ 第_____组 组长签字_____

学习任务		任务 4.1 预制构件的制作与生产工艺			
评价项目		评价标准	分值	学生评价(40%)	教师评价(60%)
工作过程(60%)	PC 外墙板工艺流程	能正确阐述 PC 外墙板的生产工艺流程	10		
	模具设计与组装	了解模具设计与组装过程应该注意的问题	10		
	墙板外观质量检验	掌握墙板外观质量检验的方法	10		
	工作态度	态度端正，工作认真、主动	5		
	工作质量	能按计划完成工作任务	5		
	协调能力	与小组成员能合作协调工作	5		
	职业素质	能做到安全生产，文明施工，保护环境，爱护公共设施	5		
	创新意识	明确目标和价值指向	5		
	爱国主义精神	具有责任感、民族自豪感及民族自信心	5		
项目成果(40%)	工作完整	能按时完成任务	5		
	工作规范	形成外墙板模具设计初步方案	10		
	外墙板检测报告	掌握墙板外观检测的方法，形成成果报告	10		
	成果展示	能准确表达、汇报工作成果	15		
合计			100		

学习情境的相关知识点

4.1.1 PC 外墙板预制技术

1. 产品概况

PC 外墙板板厚有 160 mm、180 mm 等,由于外饰面砖及窗框在预制过程中已制作完成,故现场吊装后只需安装窗扇及玻璃即可(图 4.1)。这样虽然给现场施工提供了很大的方便,但同时也对构件生产提出了很高的要求,是对生产工艺和生产技术的一次新挑战。

 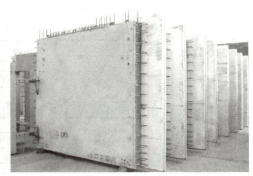

图 4.1 PC 外墙板

2. PC 外墙板预制技术难点及关键

(1) PC 外墙板面砖与混凝土一次成型,因此,保证面砖的铺贴质量是产品质量控制的关键。

(2) 由于 PC 外墙板窗框预埋在构件中,因此,采取适当的定位和保护措施是保证产品质量的难点。

(3) 由于面砖、窗框、预埋件及钢筋等在混凝土浇捣前已布置完成,因此,对混凝土振捣提出了很高的要求,这是生产过程控制的难点。

(4) 由于 PC 外墙板厚度比较小,侧向刚度比较差,对堆放及运输要求比较高,因此,产品保护是质量控制的难点。

(5) 要保证 PC 外墙板的几何尺寸和尺寸变化,钢模设计是生产技术的关键。

3. PC 外墙板生产工艺确定

PC 外墙板的生产布置在厂内的西侧场地进行,根据生产进度需要直排布置 6 个生产模位。蒸汽管道利用原有的外线路,同时根据生产模位的位置进行布置。构件蒸养脱模后,直接吊至翻转区翻转竖立后堆放。钢筋加工成型在钢筋车间内进行,钢筋骨架在生产模位附近场地绑扎。混凝土由厂搅拌站供应。

PC 外墙板模板主要采用钢模,钢筋加工成型后整体绑扎,然后吊到模板内安装,混凝土浇筑后进行蒸汽养护。生产过程中的模板清洁、钢筋加工成型、面砖粘贴、窗框安装、预埋件固定、混凝土施工及蒸汽养护、拆模搬运等工序均采用工厂式流水施工，每个工种都由相对少数固定的熟练工人操作实施。

PC 外墙板生产工艺流程如图 4.2 所示。

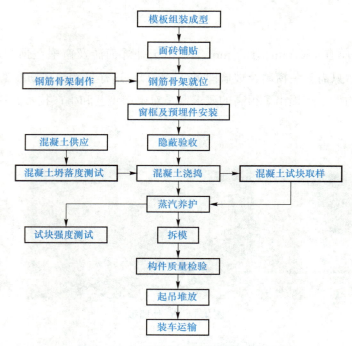

图 4.2　PC 外墙板生产工艺流程详图

4.1.2　模具设计与组装技术

1. 模具设计

根据建筑变化需要及安装位置的不同，PC 外墙板的尺寸形状变化较为复杂，同时，对墙板的外观质量和外形尺寸的精度要求也很高。外形尺寸长度和宽度的误差均不得大于 3 mm，弯曲也应小于 3 mm。这些都给模具设计和制作增加了难度，要求模板在保证一定刚度和强度的基础上，既要有较强的整体稳定性，又要有较高的表面平整度，并且容易安装和调整，适应不同外形尺寸 PC 外墙板生产的需要。经过认真分析研究，结合 PC 外墙板的实际情况，最终确定如下模板配置方案：模板采用平躺结构，整个结构由底模、外侧模和内侧模组成，如图 4.3 所示。此方案能够使外墙板的正面和侧面全部与模板密贴成型，使墙板外露面能够做到平整光滑，对墙板外观质量起到一定的保证作用。外墙板的翻身主要利用吊环转 90°即可正位。

图 4.3 预制板生产

2. 模具组装

(1)底模安装就位。在生产模位区,根据 PC 外墙板生产的操作空间进行钢模的布置排列。底模就位后,先对其进行水平测试,以防外墙板因底模不平而产生翘曲。底模校准后,其四周采用膨胀螺栓固定于混凝土地坪上,这样可以防止底模在生产过程中移位走动而影响产品质量。模板的组装采用可调螺杆进行精确定位,避免了采用木块定位的缺陷,在很大程度上保证了模板尺寸的精度。

(2)模板组装要求。组装前,必须将模板清理干净,不留水泥浆和混凝土薄片,模板隔离剂不得有漏涂或流淌现象。模板的安装与固定,要求平直、紧密、不倾斜、尺寸准确。另外,由于端模固定的正确与否直接关系到墙板的长度尺寸,所以端模固定采用螺栓定位销的方法。同时,为了保证模板精度,还应定期测量底模的平整度,以保证出现偏差时能够及时调整。

4.1.3 预制构件生产技术操作要求

1. 面砖制作与铺贴

(1)面砖制作。本次 PC 外墙板使用 45 mm×45 mm 小块瓷砖,且瓷砖在工厂预制阶段与混凝土一次成型。如果将瓷砖像现场粘贴一样逐块贴在模板上,必然会出现瓷砖对缝不齐的现象,会严重影响建筑的整体美观效果。为此,在 PC 外墙板预制中使用的瓷砖是成片的面砖和成条的角砖。它们是在专用的面砖模具中放入面砖并嵌入分格条,压平后粘贴保护贴纸并用专用工具压粘牢固而制成的。

平面面砖每片大小为 300 mm×600 mm,角砖每条长度为 600 mm。平面面砖每片的连接采用内镶泡沫塑料网格嵌条、外贴塑料薄膜粘纸的方式将小块瓷砖连成片。角砖以同样的方式连成条。

(2)面砖铺贴。由于 PC 外墙板的面砖与混凝土一次成型,现场不再进行其他操作,因而面砖的粘贴质量直接影响建筑的美观效果,所以,面砖铺贴过程的质量控制十分关键。面砖粘贴前必须先将模具清理干净,不得留有混凝土碎片和水泥浆等。为了保证面砖间缝的平直,先在底模面板上按照每张面砖的大小进行画线,然后进行试贴,即将面砖铺满底模,在检查面砖间缝达到横平竖直后再正式粘贴。铺贴面砖时,先将专用双面胶布从底部开始向上粘贴,然后再将面砖粘贴在底模上。面砖粘贴过程中要保证空隙均匀、线条平直,并保证对缝(图 4.4)。钢模内的面砖粘贴一定要相对牢固,以防止浇捣混凝土时发生移动。

图 4.4 面砖铺贴

另外,为了保证面砖不被损坏,在钢筋入模时先使钢筋骨架悬空,即预先在面砖上垫放木块,将钢筋骨架先放在木块上,再移去木块缓慢放下钢筋骨架。这样处理可以防止钢筋入模时压碎瓷砖或使瓷砖发生移动。

2. 窗框及预埋件安装

(1)窗框制作。由于 PC 外墙板的窗框直接预埋在构件中,因此,在窗框节点的处理上有一些不同于现场安装之处,如需要考虑铝窗框与混凝土的锚固性等。为此,需要铝窗加工单位在根据图纸确定窗框尺寸的同时,还要考虑墙板的生产可行性。另外,在铝窗加工完成后,要采取粘贴保护膜等保护措施,对窗框的上下、左右、内外方向做好标志,还要同时提供金属拉片等辅助部件。

(2)窗框安装。窗框安装时,首先根据图纸尺寸要求固定在模板上,注意窗框的上下、左右、内外不能装错。窗框固定采用在窗框内侧放置与窗框等厚木块的方法来进行,将木块通过螺栓与模板固定在一起,这样可以保证铝窗框在混凝土成型振动过程中不发生变形。窗框与混凝土的连接主要依靠专用金属拉片来固定,其设置间距为 40 cm 以内。墙板的整个预制过程都要做好对铝窗的保护工作。窗框用塑料布做好遮盖,防止污染,在生产、吊装完成之前,禁止撕掉窗框的保护贴纸。窗框与模板接触面采用双面胶密封保护。

(3)预埋件安装(图 4.5)。由于预埋件的位置和质量直接关系到现场施工,所以,采用专门的吸铁钻在模板上进行精确打孔,以严格控制预埋件的位置及尺寸。另外,预埋螺孔定位好以后,要用配套螺栓将其拧好,防止在生产过程中进入垃圾,发生堵塞,待构件出厂时再将这些螺栓拆下。

图 4.5 预埋件安装

3. 钢骨架

(1)钢筋型。

1)半成品钢筋切断、对焊、成型均在钢筋车间进行。钢筋车间按配筋单加工,应严格控制尺寸,个别超差不应大于允许偏差的 1.5 倍。

2)钢筋弯曲成型应严格控制弯曲直径。HPB300 级钢筋弯 180°时,$D \geqslant 2.5d$;HRB335、HRB400 级钢筋弯 135°时,$D \geqslant 4d$;钢筋弯折小于 90°时,$D \geqslant 5d$(其中 D 为弯芯直径,d 为钢筋直径)。

3)钢筋对焊应严格按《钢筋焊接及验收规程》(JGJ 18—2012)操作,对焊前应做好班前试验,并以同规格钢筋一周内累计接头 300 只为一批进行三拉三弯实物抽样检验。

4)半成品钢筋运到生产场地,应分规格挂牌、分别堆放。

(2)钢筋骨架成型。由于 PC 外墙板属于板类构件,钢筋的主筋保护层厚度相对较小,因此,钢筋骨架的尺寸必须准确。钢筋骨架成型采用分段拼装的方法,即操作人员预先在模外绑扎小梁骨架,然后在模内整体拼装连接。钢筋保护层采用专用的塑料支架,以确保保护层厚度的准确性(图 4.6)。

图 4.6　钢筋绑扎

4. 混凝土浇筑及振捣

(1)混凝土浇筑及振捣前,应对模板和支架、已绑好的钢筋和预埋件进行检查,逐项检查合格后,方可浇捣混凝土。检查时,应重点注意钢筋有无油污现象、预埋件位置是否正确等(图 4.7)。

(2)采用插入式振动器振捣混凝土时,为了不损坏面砖,不采用以往振动棒竖直插入振捣的方式,而是采用平放的方法,将面砖在生产过程中的损坏降到最低程度。混凝土应振捣到停止下沉,无显著气泡上升,表面平坦一致,呈现薄层水泥浆为止。

(3)浇筑混凝土时,还应经常注意观察模板、支架、钢筋骨架、面砖、窗框、预埋件等情况,如发现异常应立即停止浇筑,采取措施解决后继续进行。

(4)浇筑混凝土应连续进行,如因故必须间歇时,应不超过下列允许间歇时间:

1)当气温高于 25 ℃时,允许间歇时间为 1 h;

2)当气温低于 25 ℃时,允许间歇时间为 1.5 h。

(5)混凝土浇捣完毕后,要进行抹面处理(图 4.8)。以往常用的方法是先人工用木板抹面再用抹刀抹平,但是因墙板面积较大,采用这种方法难以保证表面的平整度和尺寸精度。为了确保外墙板的质量,采用铝合金直尺抹面,从而将尺寸误差精确地控制在 3 mm 以内。

(6)混凝土初凝时,应对构件与现浇混凝土连接的部位进行拉毛处理,拉毛深度约为 1 mm,条纹顺直,间距均匀整齐。

图 4.7　混凝土浇筑及振捣　　　　　　　　图 4.8　抹面处理

5. 蒸汽养护

PC外墙板属于薄壁结构，易产生裂缝，故宜采用低温蒸汽养护。蒸养在原生产模位上，采用专门定制的可移动式蒸养罩内通蒸汽的方法进行(图4.9)。这样不仅保证了充足的生产操作空间，还在很大程度上提高了预制构件的养护质量，确保脱模起吊与出厂运输的强度符合设计要求。

图 4.9　PC构件养护窑

(1)蒸汽由厂内中心锅炉房通过专用管供应至生产区，通过分汽缸将汽送至各生产模位，再经各模位的蒸汽管均匀喷汽进行蒸养。

(2)蒸养可分为静停、升温、恒温和降温4个阶段。静停一般可从混凝土全部浇捣完毕开始计算；升温速度不得大于15 ℃/h；恒温时段温度控制在55 ℃±2 ℃；降温速度不宜大于10 ℃/h。当蒸养环境温度小于15 ℃时，需适当延长升温和降温时间。

(3)当墙板的温度与周围环境温度差不大于20 ℃时，才可以拉开蒸养罩。

4.1.4　预制构件的起吊、堆放及运输

1. PC外墙板脱模与起吊

(1)脱模前先试压混凝土强度，当混凝土强度大于设计强度的70%时，方可拆除模板，移动构件。吊运构件时，钢丝绳与水平方向角度不得小于45°。

(2)侧模和底模采用整体脱模的方法。内模为整体式，不能整体脱模，故采用分散拆除的方法。拆模时要仔细认真，不能使用蛮力，需要注意保护好铝窗框。

(3)由于PC外墙板为水平浇筑，需翻身竖立。首先，将墙板从模位上水平吊至翻转区，放在翻身架上，然后，同时使用龙门式起重机主、辅吊钩，完成墙板的翻转竖立。在翻身

架上放置柔性垫块,以防止面砖硬性接触,造成损坏。

2. PC外墙板堆放与修补

(1)PC外墙板主要采用竖直靠放的方式,由槽钢制作的三角支架支撑(图4.10)。墙的搁支点应设在墙板底部两端处,堆放场地须平整、结实。搁支点可采用柔性材料,堆放好以后要采取临时固定措施。

(2)PC外墙板堆放好以后,须安排专人对面砖进行清理。清理时,先将面砖的保护贴纸撕掉,再逐条清理面砖间缝内的混凝土浆水。当面砖缝内有孔洞时,无论大小全部进行修补,如有个别面砖发生位移、翘曲、裂缝,应及时凿去,然后换上新面砖,并使用专门的面砖专用胶粘剂进行补贴。面砖清理修补完毕后,用清水对面砖表面进行冲洗(图4.11),使面砖表面不留任何水泥浆等杂物,以保证墙板的整体外观效果。

图4.10 PC外墙板堆放

图4.11 冲洗

3. PC外墙板装车运输

(1)PC外墙板出厂必须符合质量标准,墙板上应标明型号、生产日期,并盖上合格标志的图章。所有出厂标志必须写于墙板侧面,严禁标写于板面或正立面。在出厂过程中,如再次发生硬伤必须及时进行修整,待修复后方可出厂使用。

(2)由于外墙挂板的高度过大,厚度很小,极易损坏,给装车运输造成了困难。为此,采用4辆超低平板车运输,并在运输车上配备定制的专用运输架,解决了墙板的运输问题。墙板装车时,将外饰面朝外并用紧绳装置进行固定,运输架底端的支撑垫在墙板下口的内侧,运输架与墙板的接触面应用橡胶条垫好,这样可以防止运输中的颠簸对墙板造成损坏。运输墙板时,运输车启动应慢,车速应均匀,转弯变道时要减速,以防止墙板倾覆。

4.1.5 预制构件生产质量要求

(1)墙板检验包括外观质量和几何尺寸两个方面,二者均要求逐块检查。

(2)外观质量要求墙板上表面光洁平整,无蜂窝、塌落、露筋、空鼓等缺陷。

(3) 墙板外观质量要求和检验方法见表 4.1。

表 4.1 墙板外观质量要求和检验方法

项次	项目		质量要求	检验方法
1	露筋		不允许	目测
2	蜂窝		表面上不允许	目测
3	麻面		表面上不允许	
4	硬伤、掉角		不允许，碰伤后要及时修补	
5	裂缝	横向	允许有裂缝，但裂缝延伸至相邻侧面长度不应大于侧面高度的 1/5，且裂缝宽度不得大于 0.2 mm	目测，若发现裂缝，则用尺量其长度，用读数显微镜测量裂缝宽度
		纵向	总长不大于 $L/10$（L 为预制构件跨度）	

4.1.6 PC 外墙板制作与生产工艺综述

PC 外墙板采用工厂化预制的方式与传统工艺相比，具有以下优势：

(1)PC 外墙板面砖与墙板混凝土整体成型，避免出现以往的面砖脱落问题。与现贴方法相比，面砖缝更直、缝宽、缝深一致，从而达到了良好的立体美观效果。

(2)PC 外墙板的外门窗框直接预埋于墙板中，从工艺上解决了外门窗的渗漏问题，提升了房屋的性能，也改善了客户的居住质量。

(3)PC 外墙板由于成型模具一次投入后可重复使用，从而减少了材料的浪费，节约了资源，也降低了成本。同时，现场湿作业减少，改善了施工条件，也降低了环境污染的程度。

(4)大量采用 PC 外墙板及其他预制构件后，现场施工更为简便，施工周期大大缩短，施工效率显著提高。通过工厂化的生产方式，改变传统现场手工操作的方式，促使住宅产业由粗放型向集约型转变，基本实现了标准化、工厂化、装配化和一体化，对建筑产业化进程起到了巨大的推动作用，也奠定了良好的基础。

基于以上研究分析与总结，PC 外墙板所带来的经济效益与社会效益都是不容忽视的。随着预制技术与工艺的不断完善，PC 外墙板将成为建筑行业发展的一种必然趋势。

PC 外墙板预制制作解决了生产制作中各个环节的技术关键和难点；同时，在整个研究过程中也在不断地改进和完善，发现问题及时反馈、积极处理，使产品质量达到甚至超过预期效果，最终赢得了各方面的一致好评。目前，我国建筑行业已形成了比较成熟的 PC 外墙板生产线，具备了比较精密的模具和先进的生产工艺控制体系，PC 外墙板预制制作生产技术正日趋完善。

任务 4.2　预制构件吊装技术

学习情境描述

学校举行基于真实岗位的体验活动，要求学生扮演塔式起重机指挥员（司索工），收集关于吊装技术的相关资料，调查吊装的操作步骤，进行实际场景的模拟训练，总结在吊装过程中容易出现的问题并给出解决方案。

学习目标

知识目标： 通过对预制构件吊装技术进行分析与阐述，掌握在预制吊装过程中出现的问题特征，能制定避免预案和解决方案。

能力目标： 能运用预制构件吊装技术中分析与阐述问题的特征，快速对问题进行确定并解决。

素质目标： 通过本任务的学习，培养学生团结协作、认真、严谨、敬业的工作作风，培养学生的爱国情怀、民族自信心及创新意识，开拓学生国际视野。通过讲解施工安全，培养学生知法、守法意识，提高学生道德素质和法治素养，增强学生的社会责任感。

任务书

具体要求：
1. 通过多重手段收集吊装过程中的相关资料。
2. 综合分析所收集资料，对提出的问题和解决方案归类总结。
3. 制作 PPT，由组长对本组总结情况进行简述。

任务分组

全班分组完成任务，每组最多五人，一人为组长，得分高者获胜。

工作准备

1. 组长对组员进行任务分工。
2. 调查装配式建筑预制构件吊装工具。
3. 结合任务书分析预制构件吊装的难点和常见问题。

工作实施

引导性问题 1：
塔式起重机布置有哪些需要注意的地方？请举例说明。

_____
_____
_____
_____

引导性问题 2：
PC 结构吊装施工流程及注意事项有哪些？请举例说明。

_____
_____
_____
_____

引导性问题 3：
起重机操作人员和起重机指挥人员在吊装过程中，各自的注意事项有哪些？

_____
_____
_____
_____

评价反馈

　　本任务采用学生与教师综合评价的形式，测试学生是否掌握预制构件吊装的正确操作步骤、起重机械操作人员与指挥人员在工作中需要注意的问题，以及吊装过程中应注意的问题，检查学习内容是否存在缺项、漏项。

综合评价表

班级：　　　　　　　　第＿＿＿组　　　　　　　　组长签字＿＿＿＿＿

学习任务		任务 4.2　预制构件吊装技术			
评价项目		评价标准	分值	学生评价(40%)	教师评价(60%)
工作过程(60%)	PC结构吊装流程	能正确了解并模拟PC结构吊装的过程	10		
	塔式起重机操作与指挥	了解塔式起重机操作人员与指挥人员在工作的时候需要注意的问题	10		
	PC结构吊装问题诊断	总结并给出预制构件吊装过程中遇到问题的解决方案	10		
	工作态度	态度端正，工作认真、主动	5		
	工作质量	能按计划完成工作任务	5		
	协调能力	与小组成员能合作协调工作	5		
	职业素质	能做到安全生产，文明施工，保护环境，爱护公共设施	5		
	创新意识	明确目标和价值指向	5		
	爱国主义精神	具有责任感、民族自豪感及民族自信心	5		
项目成果(40%)	工作完整	能按时完成任务	5		
	工作规范	正确认识吊装操作并总结提交遇到问题的报告	10		
	PC结构吊装模拟操作	掌握吊装流程，完成吊装实操方案及问题报告	10		
	成果展示	能准确表达、汇报工作成果	15		
合计			100		

学习情境的相关知识点

4.2.1　吊装工具准备

装配式构件的吊装工具由吊梁、吊索、吊钩、吊点等组成。工人需要根据不同构件选用不同吊梁、吊索组合。

吊梁也叫作吊装架，有一字形吊装架和平面框架吊装架两种类型(图4.12)。

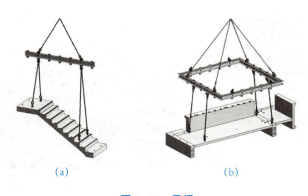

图 4.12 吊梁

(a)一字形吊装架；(b)平面框架吊装架

吊索是用钢丝绳或合成纤维等为原料做成的用于吊装的绳索，又称千斤索或千斤绳、绳扣(图 4.13)。

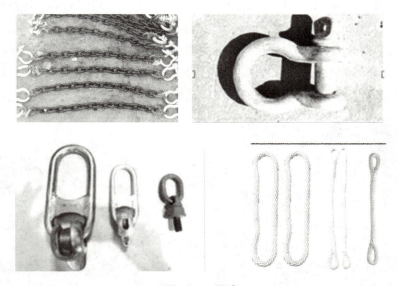

图 4.13 吊索

4.2.2 装配式混凝土构件不同工作状态下的吊点设置

(1)脱模吊点：脱模时的起吊点。

(2)翻转吊点："平躺着"制作的墙板、楼梯板和空调板等构件，脱模后或需要翻转90°立起来，或需要翻转180°将表面朝上。流水线上有自动翻转台时不需要设置翻转吊点，在固定模台或没有翻转台时，需要设置翻转吊点。

(3)吊运吊点：构件在车间、堆场和运输过程中由起重机吊起移动时的吊运吊点(图 4.14)。

(4)安装吊点：构件安装时使用的吊点(图 4.15)。

图 4.14　吊运吊点　　　　　　　　　图 4.15　安装吊点

4.2.3　构件安装吊点

叠合板构件安装时用的吊点有以下两种形式：

(1)带桁架筋叠合楼板的安装吊点(图 4.16)。借用桁架筋的架立筋，多点布置。脱模吊点和吊运吊点也是如此。

(2)无桁架筋的叠合板(图 4.17)、预应力叠合板等构件的安装吊点。为专门埋设的吊点，与脱模吊点和吊运吊点共用。楼板预埋螺母，小型板式构件如空调板可以埋设尼龙绳，梁、叠合梁可以埋设预埋螺母，较重的构件埋设钢筋吊环、钢丝绳吊环。

图 4.16　带桁架筋叠合楼板的安装吊点　　　　图 4.17　无桁架筋的叠合板的安装吊点

预制墙板安装时用的吊点应注意以下几点：

(1)无窗构件一般设置两个吊点，吊点位置距离边不宜小于 300 mm 且与构件中心对称。

(2)单窗构件的吊点一般布置于洞口两侧，两吊点距离重心的差不宜大于 300 mm。

(3)构件长度为 2.5～4 m 时，一般在两侧边缘构件或墙体中间设置两个吊点；当构件两侧不对称时，两吊环设置应按构件实际构造进行异形构件吊点设计，吊点吊重按受力较大点计算，具体形式如图 4.18 所示，预制外墙吊装(含窗洞口)可设置飘窗。

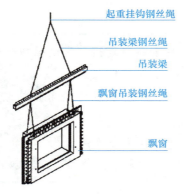

图 4.18 预制外墙吊装(含窗洞口)

预制楼梯起吊时应采用两长两短的四根钢丝绳将楼梯放坡,通过调节钢丝绳长度,保证上下高度相符,使休息平台顶面和底面平行,以便于安装(图 4.19)。

图 4.19 预制楼梯起吊　　　　预制楼梯吊装流程及控制要点

4.2.4 吊点设置原则

(1)受力合理。
(2)重心平衡。
(3)与钢筋和其他预埋件互不干扰。
(4)制作与安装便利。

任务 4.3　预制构件安装与连接技术

> **学习情境描述**
>
> 　　学校举行基于真实岗位的体验活动,要求学生扮演施工员,收集关于预制构件安装与连接的相关资料,进行实际场景的模拟训练,预想在预制构件安装与连接过程中容易出现的问题并给出解决方案。

学习目标

知识目标：通过对预制构件安装与连接技术过程的分析和阐述，掌握不同构件在安装与连接中的特点。

能力目标：能运用所学的不同构件在安装与连接中的特点，对有可能出现的问题提出预案和解决问题。

素质目标：通过讲解预制构件安装与连接技术，培养学生团结协作、认真、严谨、敬业的工作作风，培养学生的爱国情怀、民族自信心及创新意识，开拓学生国际视野。

任务书

具体要求：
1. 通过多重手段收集预制构件安装与连接过程中的相关资料。
2. 综合分析所收集资料，对提出的问题和解决方案归类总结。
3. 制作 PPT，由组长对本组总结情况进行简述。

任务分组

全班分组完成任务，每组最多五人，一人为组长，得分高者获胜。

工作准备

1. 组长对组员进行任务分工。
2. 调查装配式建筑预制构件安装与连接工具及原料。
3. 结合任务书分析预制构件安装与连接的难点和常见问题。

工作实施

引导性问题1：
预制构件安装和连接的顺序是什么？为什么要如此安装和排序？请说明原因。

引导性问题2：
预制外墙板施工的操作要求有哪些？

引导性问题 3：
预制叠合板施工的操作要求有哪些？

评价反馈

本任务采用学生与教师综合评价的形式，通过搜集资料，调查预制构件安装与连接的顺序，了解预制外墙板施工的操作要求与预制叠合板的操作要求，检查学习内容是否存在缺项、漏项。

综合评价表

班级：　　　　　　第＿＿＿组　　　　　　组长签字＿＿＿＿

学习任务		任务4.3　预制构件安装与连接技术			
评价项目		评价标准	分值	学生评价(40%)	教师评价(60%)
工作过程(60%)	预制构件安装与连接	了解预制构件的安装与连接的顺序并说明理由	10		
	预制外墙板操作工艺	了解预制外墙板的工艺操作流程	10		
	预制叠合板操作工艺	掌握预制叠合板的工艺操作流程	10		
	工作态度	态度端正，工作认真、主动	5		
	工作质量	能按计划完成工作任务	5		
	协调能力	与小组成员能合作协调工作	5		
	职业素质	能做到安全生产，文明施工，保护环境，爱护公共设施	5		
	创新意识	明确目标和价值指向	5		
	爱国主义精神	具有责任感、民族自豪感及民族自信心	5		
项目成果(40%)	工作完整	能按时完成任务	5		
	工作规范	正确认识预制构件的安装操作，完成任务成果	10		
	预制构件安装方案	掌握预制构件的安装流程，并形成预制构件的安装方案	10		
	成果展示	能准确表达、汇报工作成果	15		
合计			100		

学习情境的相关知识点

4.3.1 预制构件安装概况

(1)预制构件与连接结构同步安装概况。住宅装配式混凝土构件与连接结构施工同步安装是指在建筑主体结构施工中,工厂预制混凝土构件在现浇混凝土结构施工过程中同步安装施工,并最终用混凝土现浇成为整体的一种施工方法,即建筑结构构件在工厂中预制成最终成品并运送至施工现场后,在结构施工最初阶段,用塔式起重机将其吊运至结构施工层面并安装到位。安装的同时,混凝土结构中的现浇柱、墙同步施工,并最终在该层结构所有预制和现浇构件施工完成后,浇筑混凝土形成整体。

(2)"先柱梁结构,后外墙构件"安装概况。住宅装配式混凝土结构"先柱梁结构,后外墙构件"安装是指在建筑主体结构施工中,先将建筑柱、梁、板主体钢筋混凝土结构施工完毕,再进行预制装配式构件安装的一种施工方法,即在主体结构施工中,先将主体结构承重部分的柱、梁、板等结构施工完成,待现浇混凝土养护达到设计强度后,再将工厂中预制完成的构件安装到位,从而完成整个结构的施工。

4.3.2 预制外墙板施工操作要求

预制外墙板操作步骤:测量放线→封堵分仓→构件吊装→定位校正和临时固定→钢筋套筒灌浆施工→后浇混凝土施工。

(1)测量放线。安装施工前,应在构件和已完成结构上测量放线,设置安装定位标志。测量放线主要包括以下内容:

1)每层楼面轴线垂直控制点不应少于4个,楼层上的控制轴线应使用经纬仪由底层原始点直接向上引测。

预制外墙吊装流程及控制要点

2)每个楼层应设置1个引程控制点。

3)预制构件控制线应由轴线引出。

4)应准确弹出预制构件安装位置的外轮廓线。预制外墙板的就位以轴线和外轮廓线为控制线。

(2)封堵分仓。采用注浆法实现构件之间混凝土可靠连接,是通过灌浆料从套筒流入原坐浆层充当坐浆料而实现。相对于坐浆法,注浆法无须担心吊装作业前坐浆料失水凝固,并且先使预制构件落位后再注浆,也易于确定坐浆层的厚度。

预制内墙吊装流程及控制要点

构件吊装前,应预先在构件安装位置预设20 mm厚垫片,以保证构件下方注浆层厚度满足要求。然后,沿预制构件外边线用密封材料进行封堵。当预制构件长度过长时,注浆层也随之过长,不利于控制注浆层的施工质量。此时可将注浆层分成若干段,将各段之间用坐浆材料分隔，注浆时逐段进行，这种注浆方法称为分仓法。连通区内任意两个灌浆套筒间距不宜超过 1.5 m。图 4.20 所示为分仓前结合面处理。

图 4.20　分仓前结合面处理

(3)构件吊装。与现浇部分连接的墙板宜先进行吊装，其他部分宜按照外墙先行吊装的原则进行吊装。就位前应设置底部调平装置，控制构件安装标高。

(4)定位校正和临时固定。

1)构件定位校正。构件底部若局部套筒未对准时，可使用倒链将构件手动微调、对孔。垂直坐落在准确的位置后，拉线复核水平是否有偏差。若无误差，利用预制构件上的预埋螺栓和地面后置膨胀螺栓安装斜撑杆；复测墙板标高后，利用斜撑杆调节好构件的垂直度。在调节斜撑杆时，应分别调节两根斜撑杆，之后方可松开吊钩。

安装施工应根据结构特点按合理顺序进行，需考虑平面运输、结构体系转换、测量校正、精度调整及系统构成等因素，及时形成稳定的空间刚度单元。必要时，应增加临时支撑结构或临时措施。单个混凝土构件的连接施工应一次性完成。

预制构件安装后，应对安装位置、安装标高、垂直度进行校核与调整。构件安装就位后，可通过临时支撑对构件的位置和垂直度进行微调(图 4.21)。

 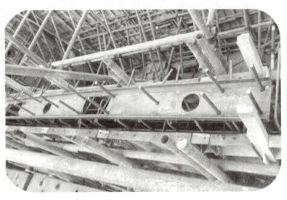

图 4.21　预制构件定位校正

2)构件临时固定。安装阶段的结构稳定性对保证施工安全和安装精度非常重要。构件在安装就位后,应采取临时措施进行固定。临时措施应能承受结构自重、施工荷载、风荷载、吊装产生的冲击荷载等作用,并不至于使结构产生永久变形(图 4.22)。

图 4.22 预制构件临时固定

(5)钢筋套筒灌浆施工。灌浆前应合理选择灌浆孔。一般来说,宜选择从每个分仓位于中部的灌浆孔灌浆。灌浆前,将其他灌浆孔严密封堵。灌浆操作要求与坐浆法相同。直到该分仓各出浆孔分别有连续的浆液流出时,注浆作业完毕,将注浆孔和所有出浆孔封堵(图 4.23)。

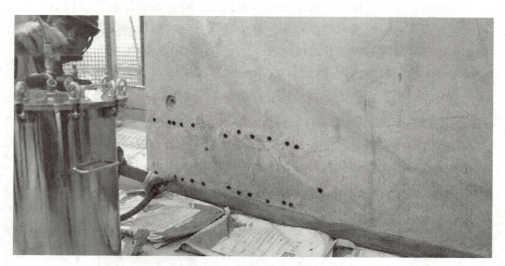

图 4.23 钢筋套筒灌浆施工

(6)后浇混凝土施工。

1)后浇混凝土的钢筋工程。

①装配式混凝土结构后浇混凝土内的连接钢筋应埋设准确。构件连接处钢筋位置应符合现行有关技术标准和设计要求。当设计无具体要求时,应保证主要受力构件和构件中主

要受力方向的钢筋位置,并应符合下列规定:框架节点处,梁纵向受力钢筋宜置于柱纵向钢筋内侧;当主、次梁底部标高相同时,次梁下部钢筋应放在主梁下部钢筋之上;剪力墙中水平分布钢筋宜置于竖向钢筋外侧,并在墙端弯折锚固。预制构件的外露钢筋应防止弯曲变形,并在预制构件吊装完成后,对其位置进行校核与调整。钢筋套筒灌浆连接接头的预留钢筋应采用专用模具进行定位,并应保证定位准确。

②装配式混凝土结构的钢筋连接质量应符合相关规范的要求,钢筋可根据相关规范要求采用直锚、弯锚或机械锚固的方式进行锚固,但锚固质量应符合要求。

③预制墙板连接部位宜先校正水平连接钢筋,后安装箍筋套,待墙体竖向钢筋连接完成后绑扎箍筋,连接部位加密区的箍筋宜采用封闭箍筋。预制梁柱节点区的钢筋安装时,节点区柱箍筋应预先安装于预制柱钢筋上,随预制柱一同安装就位。预制叠合梁采用封闭箍筋时,预制梁上部纵筋应预先穿入箍筋内临时固定,并随预制梁一同安装就位。预制叠合梁采用开口箍筋时,预制梁上部纵筋可在现场安装(图4.24)。

图4.24 构件连接处钢筋设置

2)后浇混凝土带模板安装。墙板间后浇混凝土带连接宜采用工具式定型模板支撑,定型模板应通过螺栓(预置内螺母)或预留孔洞拉结的方式与预制构件可靠连接。定型模板安装应避免遮挡墙板下部灌浆预留孔洞。夹心墙板的外叶板应采用螺栓拉结或夹板等加强固定,墙板接缝部位及与定型模板连接处均应采取可靠的密封、防漏浆措施。

采用预制保温作为免拆除外墙模板(PCF)进行支模时,预制外墙模板的尺寸参数及与相邻外墙板之间拼缝宽度应符合设计要求。安装时，与内侧模板或相邻构件应连接牢固并采取可靠的密封、防漏浆措施(图4.25)。

图4.25 构件连接处模板设置

3)后浇混凝土带的浇筑。

①对于装配式混凝土结构的墙板之间边缘构件竖缝后浇混凝土带的浇筑，应该与水平构件的混凝土叠合层及按设计须现浇的构件(如作为核心筒的电梯井、楼梯间)同步进行。一般选择一个单元作为一个施工段，按照先竖向、后水平的顺序浇筑施工。这样，施工就会使后浇混凝土将竖向和水平预制构件连接成了一个整体。

②后浇混凝土在浇筑前，应进行所有隐蔽项目的现场检查与验收。

③浇筑混凝土过程中应按规定见证取样，留置混凝土试件。

④混凝土应采用预拌混凝土，预拌混凝土应符合现行相关标准的规定。装配式混凝土结构施工中的结合部位或接缝处混凝土的工作性应符合设计施工规定。当采用自密实混凝土时，应符合现行相关标准的规定。

⑤预制构件连接节点和连接接缝部位的后浇混凝土在浇筑前，应清洁结合部位并洒水润湿。连接接缝的混凝土应连续浇筑，竖向连接接缝可逐层浇筑。混凝土分层浇筑高度应符合现行相关规范要求。浇筑时，应采取保证混凝土浇筑密实的措施。同一连接接缝的混凝土应连续浇筑，并应在底层混凝土初凝之前将上一层混凝土浇筑完毕。预制构件连接节点和连接接缝部位的混凝土应加密振捣点，并适当延长振捣时间。预制构件连接处的混凝土在浇筑和振捣时，应对模板和支架进行观察及维护，若发生异常情况应及时进行处理。

构件接缝处的混凝土在浇筑和振捣时,应采取措施防止模板、相连接构件、钢筋、预埋件及其定位件的移位。

⑥混凝土浇筑完毕后,应按施工技术方案要求及时采取有效的养护措施。设计无规定时,应在浇筑完毕后的 12 h 以内对混凝土加以覆盖并养护,浇水次数应能保持混凝土处于湿润状态。采用塑料薄膜覆盖养护的混凝土,其敞露的全部表面应覆盖严密,并应保持塑料薄膜内有凝结水。后浇混凝土的养护时间不应少于 14 d。

喷涂混凝土养护剂是混凝土养护的一种新工艺。混凝土养护剂是高分子材料,喷洒在混凝土表面后固化,形成一层致密的薄膜,使混凝土表面与空气隔绝,大幅度降低水分从混凝土表面蒸发的损失。同时,可以与混凝土浅层游离氢氧化钙作用,在渗透层内形成致密、坚硬的表层,从而利用混凝土中自身的水分最大限度地完成水化作用,达到混凝土自养的目的。对于整体装配式混凝土结构竖向构件接缝处的后浇混凝土带,洒水保湿比较困难,采用养护剂保护应该是可行的选择。

⑦对于预制墙板斜支撑和限位装置,应在连接节点和连接接缝部位的后浇混凝土或灌浆料强度达到设计要求后拆除;当设计无具体要求时,后浇混凝土或灌浆料应达到设计强度的 75% 以上方可拆除。

4.3.3 预制混凝土柱施工操作要求

预制混凝土柱的安装施工步骤:测量放线→铺设坐浆料→柱构件吊装→定位校正和临时固定→钢筋套筒灌浆施工。其中,定位校正和临时固定的施工工艺可参见预制剪力墙施工工艺。

(1)测量放线。安装施工前,应在构件和已完成结构上测量放线,设置安装定位标志。测量放线主要包括以下内容:

1)每层楼面轴线垂直控制点不应少于 4 个,楼层上的控制轴线应使用经纬仪由底层原始点直接向上引测。

2)每个楼层应设置 1 个引程控制点。

3)预制构件控制线应由轴线引出。

4)应准确弹出预制构件安装位置的外轮廓线。预制柱的就位以轴线和外轮廓线为控制线;对于边柱和角柱,应以外轮廓线控制为准。

(2)铺设坐浆料。预制柱构件底部与下层楼板上表面之间不能直接相连,应铺设有 20 mm 厚的坐浆层,以保证两个混凝土构件能够可靠协同工作。坐浆层应在构件吊装前铺设,且不宜铺设过早,以免坐浆层凝结硬化失去黏结能力。一般来说,应在坐浆层铺设后 1 h 内完成预制构件安装工作,天气炎热或气候干燥时应缩短安装作业时间。

坐浆料必须满足以下技术要求:

1)坐浆料坍落度不宜过高,一般在市场购买 40~60 MPa 的坐浆料,使用小型搅拌机(容积可容纳一包料即可)加适当的水搅拌而成,不宜调制过稀,必须保证坐浆完成后呈中间高、两端低的形状。

2)在坐浆料采购前需要与厂家约定浆料内粗骨料的最大粒径为4～5 mm,且坐浆料必须具有微膨胀性。

3)坐浆料的强度等级应比相应的预制墙板混凝土的强度高一个等级。

4)坐浆料强度应该满足设计要求。

铺设坐浆料前应清理铺设面的杂物。铺设时,应保证坐浆料在预制柱安装范围内铺设饱满。为防止坐浆料向四周流散造成坐浆层厚度不足,应在柱安装位置四周连续使用50 mm×20 mm的密封材料封堵,并在坐浆层内预设20 mm高的垫块。

(3)柱构件吊装。柱构件吊装宜按照角柱、边柱、中柱顺序进行安装,与现浇部分连接的柱宜先进行吊装。

吊装作业应连续进行。吊装前应对待吊装构件进行核对;同时,对起重设备进行安全检查,重点检查预制构件预留螺栓孔丝扣是否完好,杜绝吊装过程中的滑丝脱落现象。对吊装难度大的部件必须进行空载实际演练,操作人员对操作工具进行清点。填写施工准备情况登记表,施工现场负责人检查核对签字后方可开始吊装。

预制构件在吊装过程中应保持稳定,不得偏斜、摇摆和扭转。吊装时,必须采用扁担式吊具吊装。

(4)钢筋套筒灌浆施工。钢筋套筒灌浆施工是装配式混凝土结构工程的关键环节之一。在实际工程中,连接的质量很大程度取决于施工过程控制。因此,套筒灌浆连接应满足下列要求:

1)套筒灌浆连接施工应编制专项施工方案。这里提到的专项施工方案并不要求一定单独编制,而是强调应在相应的施工方案中包括套筒灌浆连接施工的相应内容。施工方案应包括灌浆套筒在预制生产中的定位、构件安装定位与支撑、灌浆料拌和、灌浆施工、检查与修补等内容。施工方案编制应以接头提供单位的相关技术资料、操作规程为基础。

2)灌浆施工的操作人员应经专业培训后上岗。培训一般宜由接头提供单位的专业技术人员组织。灌浆施工应由专人完成,施工单位应根据工程量配备足够的合格操作工人。

3)对于首次施工,宜选择有代表性的单元或部位进行试制作、试安装、试灌浆。这里提到的"首次施工",包括施工单位或施工队伍没有钢筋套筒灌浆连接的施工经验,或对某种灌浆施工类型(剪力墙、柱、水平构件等)没有经验。此时,为保证工程质量,宜在正式施工前通过试制作、试安装、试灌浆验证施工方案、施工措施的可行性。

4)套筒灌浆连接应采用由接头形式检验确定的相匹配的灌浆套筒、灌浆料。在施工中不宜更换灌浆套筒或灌浆料,如确需更换,应按更换后的灌浆套筒、灌浆料提供接头形式检验报告,并重新进行工艺检验及材料进场检验。

5)灌浆料以水泥为基本材料,对温度、湿度均具有一定敏感性。因此,在存储中应注意干燥、通风并采取防晒措施,防止其形态发生改变。灌浆料宜存储在室内。

钢筋套筒灌浆连接施工的工艺要求如下:

1)预制构件吊装前,应检查构件的类型与编号。当灌浆套筒内有杂物时,应清理干净。

2)应保证外露连接钢筋的表面不粘连混凝土、砂浆,不发生锈蚀;当外露连接钢筋倾斜时,应进行校正。连接钢筋的外露长度应符合设计要求,其外表面宜标记出插入灌浆套筒最小锚固长度的位置标志,且应清晰、准确。

3)竖向构件宜采用连通腔灌浆,钢筋水平连接时,灌浆套筒应各自独立灌浆。

4)灌浆料拌合物应采用电动设备搅拌充分、均匀,并宜静置 2 min 后使用。其加水量应按照灌浆料使用说明书的要求确定,并应按质量计量。搅拌完成后,不得再次加水。

5)灌浆施工时,环境温度应符合灌浆料产品使用说明书要求。一般来说,环境温度低于 5 ℃时不宜施工,低于 0 ℃时不得施工;当环境温度高于 30 ℃时,应采取降低灌浆料拌合物温度的措施。

6)竖向钢筋套筒灌浆连接采用连通腔灌浆时,宜采用一点灌浆的方式。当一点灌浆遇到问题而需要改变灌浆点时,各灌浆套筒已封堵的灌浆孔、出浆孔应重新打开,待灌浆料拌合物再次流出后进行封堵。

7)灌浆料宜在加水后 30 min 内用完。散落的灌浆料拌合物不得二次使用;剩余的拌合物不得再次添加灌浆料、水后混合使用。

8)灌浆料同条件养护试件抗压强度达到 35 N/mm^2 后,方可进行对接头有扰动的后续施工。临时固定措施的拆除应在灌浆料抗压强度能够确保结构达到后续施工承载要求后进行。

9)灌浆作业应及时形成施工质量检查记录表和影像资料。

4.3.4 预制叠合板施工操作要求

预制叠合板的现场施工工艺:定位放线→安装底板支撑并调整→安装叠合楼板的预制部分→安装侧模板、现浇区底模板及支架→绑扎叠合层钢筋、铺设管线、预埋件→浇筑叠合层混凝土→拆除模板,如图 4.26 ~图 4.30 所示。其安装施工均应符合下列规定:

预制叠合板吊装流程及控制要点

(1)叠合构件的支撑应根据设计要求或施工方案设置,支撑标高除应符合设计规定外,还应考虑支撑本身的施工变形。

(2)控制施工荷载不应超过设计规定,并应避免单个预制构件承受较大的集中荷载与冲击荷载。

(3)叠合构件的搁支长度应满足设计要求,宜设置厚度不大于 20 mm 的坐浆或垫片。

(4)叠合构件混凝土浇筑前,应检查结合面的粗糙度,并应检查及校正预制构件的外露钢筋。

(5)预制底板吊装完成后应对板底接缝高差进行校核;当叠合板板底接缝高差不满足设计要求时,应将构件重新起吊,通过可调托座进行调节。

(6)预制底板的接缝宽度应满足设计要求。

叠合构件应在后浇混凝土强度达到设计要求后,方可拆除支撑或承受施工荷载。

图 4.26　预制叠合板吊装　　　　　　　图 4.27　预制叠合板安装

图 4.28　预制叠合板后浇层钢筋绑扎

 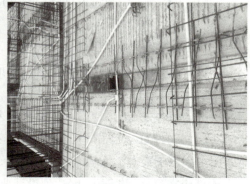

图 4.29　预制叠合板后浇层电气连接　　　图 4.30　预制叠合板拼缝钢筋处理

4.3.5 装配式混凝土叠合梁施工操作要求

装配式混凝土叠合梁的安装施工工艺与预制叠合板工艺类似。现场施工时,应将相邻的叠合梁与叠合板协同安装,在两者的叠合层用混凝土同时浇筑,以保证建筑的整体性能。

安装顺序宜遵循"先主梁后次梁、先低后高"的原则。安装前,应测量并修正临时支撑标高,以确保与梁底标高一致,并在柱上弹出梁边控制线;安装后根据控制线进行精密调整。安装时,梁伸入支座的长度与搁支长度应符合设计要求。

装配式混凝土建筑梁柱节点处作业面狭小且钢筋交错密集,施工难度极大。因此,在拆分设计时应考虑好各种钢筋的关系,直接设计出必要的弯折。另外,吊装方案要按照拆分设计考虑吊装顺序,吊装时则必须严格按吊装方案控制先后。安装前,应复核柱钢筋与梁钢筋位置、尺寸。对梁钢筋与柱钢筋位置有冲突的,应按经设计单位确认的技术方案调整。

任务 4.4 PC 安装与管线预埋

学习情境描述

学校举行基于真实岗位的体验活动,要求学生扮演施工员,收集关于 PC 安装与管线预埋的相关资料,进行实际场景的模拟训练,预想在 PC 安装与管线预埋过程中容易出现的问题并给出解决方案。

学习目标

知识目标:通过对 PC 安装与管线预埋过程的分析,掌握施工要点和流程。

能力目标:能运用 PC 安装与管线预埋的知识,并能掌握 PC 安装与管线预埋过程中解决问题的方法。

素质目标:通过讲解 PC 安装与管线预埋,培养学生团结协作、认真、严谨、敬业的工作作风,培养学生的爱国情怀、民族自信心及创新意识,开拓学生的国际视野。

任务书

具体要求:

1. 通过多重手段收集 PC 安装与管线预埋过程中的相关资料。

2. 综合分析所收集资料，对提出的问题和解决方案归类总结。
3. 制作 PPT，由组长对本组总结情况进行简述。

任务分组

全班分组完成任务，每组最多五人，一人为组长，得分高者获胜。

工作准备

1. 组长对组员进行任务分工。
2. 调查 PC 安装与管线预埋工具及原料。
3. 结合任务书分析 PC 安装与管线预埋的难点和常见问题。

工作实施

引导性问题 1：
怎样理解在机电安装中的三检、三评？请举例说明。

_____
_____
_____

引导性问题 2：
在安装卫生间排水系统时应注意哪些问题？

_____
_____
_____

引导性问题 3：
管线敷设与安装过程中哪些要点需要特别注意？

_____
_____
_____

评价反馈

本任务采用学生与教师综合评价的形式，通过资料搜索，调查 PC 安装和管线预埋的方法及关键要点，掌握卫生间排水系统安装过程中的注意事项，了解机电安装的"三检""三评"，检查学习内容是否存在缺项、漏项。

综合评价表

年　　　月　　　日

班级：		第＿＿＿组		组长签字＿＿＿＿	
学习任务		任务 4.4　PC 安装与管线预埋			
评价项目		评价标准	分值	学生评价(40%)	教师评价(60%)
工作过程(60%)	PC 安装与管线预埋	了解 PC 安装和管线预埋的方法及关键要点	10		
	卫生间排水系统安装	了解排水系统安装的步骤与工艺要求	10		
	机电安装的三检、三评	掌握机电安装的三检、三评的详细内容	10		
	工作态度	态度端正，工作认真、主动	5		
	工作质量	能按计划完成工作任务	5		
	协调能力	与小组成员能合作协调工作	5		
	职业素质	能做到安全生产，文明施工，保护环境，爱护公共设施	5		
	创新意识	明确目标和价值指向	5		
	爱国主义精神	具有责任感、民族自豪感及民族自信心	5		
项目成果(40%)	工作完整	能按时完成任务	5		
	工作规范	正确认识安装工程的要求与工艺流程，完成实践任务	10		
	机电与排水系统安装方案	掌握 PC 机电与排水系统的安装流程，并形成专项施工方案	10		
	成果展示	能准确表达、汇报工作成果	15		
	合计		100		

学习情境的相关知识点

4.4.1　管线敷设与安装

(1)管线敷设必须横平竖直，尽可能减少弯曲次数。弱电线管应选用 TC 管(镀锌管)敷设，以防止电磁干扰。

(2)PVC 灯头盒与管卡距离≤200 mm，管卡与管卡的距离≤500 mm。现场弯管时，根据管径选择助弯弹簧弯曲,转弯半径不应小于管径的6倍。转弯处的管卡间距≤200 mm,管卡应用6 mm尼龙膨胀螺管固定,禁用木榫替代。

(3)PVC接线盒与线管用杯梳胶水连接。从接线盒引出的导线应用金属软管保护至灯位,防止导线裸露在平顶内,并按国家标准要求进行导线型号的选择。严禁双回路电线共用一根线管。

(4)PVC接线盒盖板与金属软管需用尼龙接头连接。金属软管长度不得超过1 000 mm。

(5)PVC管道如遇交叉处需要做过桥弯管,两边用管卡固定。

(6)导线穿管完毕后,应用欧姆表进行通电绝缘测试。

4.4.2 卫生间排水系统

(1)卫生间排水系统施工要点。首先,做好JS防水,在确保不渗漏的条件下,根据图纸确定马桶、地漏、台盆等立管的中心位置,然后按照立管进行排水管的固定。注意控制排水管管道的坡度,避免泛水。其次,在线管中间填补轻质材料,如珍珠岩之类。做完管道后应及时封闭管道口,避免杂物掉入管道内。卫生间JS防水施工工艺:基面→打底层→下涂层→中涂层→上涂层。具体步骤如下:

1)先在液料中加水,用搅拌器边搅拌边徐徐加入粉料,之后充分搅拌均匀直至液料中不含团粒(搅拌时间约为5 min,最好不要人工搅拌)。

2)打底层涂料的质量比为液料∶粉料∶水=10∶7∶14。

3)下层、中层和上层涂料的质量比为液∶粉∶水=10∶7∶(0~3)。

4)上层涂料中可加无机颜料以形成彩色涂层,彩色涂层涂料的质量比为液料∶粉料∶颜料∶水=10∶7∶(0.5~1)∶(0~3)。

5)斜面、顶面、立面施工时应不加水或少加水,平面在烈日下应多加水。如需要加无纺布,可用35~60 g/m² 聚酯材质的无纺布。

(2)配水点标高。厨房水槽、台盆配水点标高为550 mm,冷、热出水口间距为200 mm;有橱柜的部位出水点应凸出墙面粉刷层40 mm,其余出水点应与完成面平齐或低5 mm以内。浴缸龙头配水点标高为650~680 mm,坐标位置在浴缸中心线,冷、热出水口间距为150 mm;坐便器、三角阀配水点标高为150 mm;淋浴龙头标高为900 mm,冷、热出水口间距为150 mm;淋喷头出水点高度为2 000~2 200 mm。洗衣机龙头标高为1 100 mm;热水器配水点标高应低于热水器底部200 mm,冷、热出水口间距为180 mm;拖把池龙头标高为700~750 mm。

(3)试压测试管道安装完毕后,按照国家标准进行试压测试(图4.31)。

图4.31 管线试压测试

4.4.3 机电安装操作要求

1. 施工操作控制要求

(1)人员控制要求。专业管理人员必须具备相应的资质,并持证上岗。特殊工种人员必须持有效证件上岗。一般操作人员应经过操作培训考核后上岗。

(2)施工机械控制要求。

1)施工机械在进场前必须进行全面的检修,检修合格且挂设备完好卡后方可进场。

2)施工机械实行定人定机,专人操作、保养,并在设备上挂机械管理卡。

3)施工机械操作者必须持证上岗,在使用过程中必须严格按操作规程操作。

4)现场配置专职机修工人应对所有施工机械进行统一维修保养,从而确保施工机械完好。

2. 一般操作控制

(1)一般过程是指操作工艺较简单的过程,如设备、管道、电气、暖通、动力施工安装全过程。

(2)施工员必须按照正确的施工技术对操作人员进行技术交底,操作人员按交底要求进行操作。操作过程中的质量控制由班组长负责,并坚持"检查上道工序、保证本道工序、服务下道工序"检查程序,使操作全过程处于受控状态。

(3)三检、三评:

1)三检:

①自检:由班组长按质量手册的"检验及试验程序"进行班组施工质量自检,上班进行交底,下班后对每位操作人员每天施工全过程及产品进行认真、仔细的检查,并做好自检资料管理。

②互检:工序交接须坚持互检。互检由施工员会同质量员、班组长进行,经检查合格后方可进行下一道工序的施工,并做好记录。

③专检:公司质检部门与项目部技术负责人、质量员组织质检,相关施工员及班组长参加,进行质量检验。

2)三评:

①一评:分项工程完成后由施工员进行分项工程质量预检及填写分项工程质量检验评定表,由质量员组织评定,并核定等级。

②二评:单位工程由公司主任工程师组织质检部门、技术部门、项目经理部、技术负责人进行预检,进行分部工程质量评定并及时填写分部工程质量评定表,报送总包方。

③三评:单位工程完工后的检验工作,邀请总包方、建设单位和监理公司及当地质检站相关人员进行单位工程质量评定。

3. 关键部位操作要求

(1)关键部位操作是指对工程起决定作用的过程,如通风空调机、电气调试、弱电和自控系统等安装调试。

（2）在关键部位操作时，要求除向作业人员提供施工图纸、规范和标准等技术文件外，还需要专业的工艺文件或技术交底，明确施工方法、程序、检测手段及需用的设备和器具，以保证关键过程质量满足规定及投标书要求。

（3）专业工艺文件或技术交底由项目经理负责编制或收集，由施工员向作业人员进行书面交底，在施工过程中需指导监督文件执行。

（4）在施工过程中，由项目经理指定设备员负责施工机械设备的管理，并组织维护与保养，以确保施工需要。

（5）关键部位操作要求应具备的条件、试验、监控和验证，与一般过程控制相同。

4. 特殊操作要求

（1）引用《特殊操作要求控制工作程序》。

（2）特殊操作要求控制的环节有以下几项：

1）给水、消防等管道的压力试验，污水、废水、雨水等管道的灌水试验，水冲洗，电气线路的绝缘测试，避雷接地、综合接地的电阻测试等应会同建设单位、监理公司及相关单位共同检查验收。

2）特殊操作要求，即结果不能通过检验和试验完全验证的过程。

3）对特殊操作要求进行连续监控，必要的参数加以记录和保存。

4）采用 PC 新工艺、新技术、新材料和新设备施工时，按特殊操作要求进行连续监控。

任务 4.5　PC 装饰与节点处理

学习情境描述

学校举行基于真实岗位的体验活动，要求学生扮演施工员，收集关于 PC 装饰与节点处理的相关资料，进行实际场景的模拟训练，预想在 PC 装饰与节点处理过程中容易出现的问题并给出解决方案。

学习目标

知识目标：通过对 PC 装饰与节点处理过程的分析与阐述，掌握施工要点和流程。

能力目标：能运用 PC 装饰与节点处理的知识，并能掌握 PC 装饰与节点处理过程中解决问题的方法。

素质目标：通过讲解 PC 装饰与节点处理，培养学生团结协作、认真、严谨、敬业的工作作风，培养学生的爱国情怀、民族自信心及创新意识，开拓学生的国际视野。

任务书

具体要求：

1. 通过多重手段收集 PC 装饰与节点处理过程中的相关资料。
2. 综合分析所收集资料，对提出的问题和解决方案归类总结。
3. 制作 PPT，由组长对本组总结情况进行简述。

任务分组

全班分组完成任务，每组最多五人，一人为组长，得分高者获胜。

工作准备

1. 组长对组员进行任务分工。
2. 调查装配式建筑预制构件装饰与节点处理工具及原料。
3. 结合任务书分析预制构件装饰与节点处理的难点和常见问题。

工作实施

引导性问题 1：

PC 装饰与传统建筑装饰有哪些异同点？请举例说明。

_____
_____
_____
_____

引导性问题 2：

在 PC 装饰过程中须注意哪些问题？

_____
_____
_____
_____
_____

引导性问题 3：
龙骨施工的流程是怎样的？

_____
_____
_____
_____

评价反馈

本任务采用学生与教师综合评价的形式，通过资料搜集，了解 PC 装饰与传统装饰的异同点，思考 PC 装饰过程中需要关注的重点问题，了解龙骨施工的工艺流程，检查学习内容是否存在缺项、漏项。

综合评价表

班级：_____ 第_____组 组长签字_____

学习任务		任务 4.5　PC 装饰与节点处理			
评价项目		评价标准	分值	学生评价(40%)	教师评价(60%)
工作过程(60%)	PC 装饰与传统装饰	了解 PC 装饰与传统装饰的异同点	10		
	装饰工程关键问题	了解 PC 装饰过程中需要注意的问题	10		
	龙骨安装的工艺流程	掌握龙骨安装的具体施工流程	10		
	工作态度	态度端正，工作认真、主动	5		
	工作质量	能按计划完成工作任务	5		
	协调能力	与小组成员能合作协调工作	5		
	职业素质	能做到安全生产，文明施工，保护环境，爱护公共设施	5		
	创新意识	明确目标和价值指向	5		
	爱国主义精神	具有责任感、民族自豪感及民族自信心	5		
项目成果(40%)	工作完整	能按时完成任务	5		
	工作规范	正确认识装饰工程的要求与工艺流程，完成实践任务	15		
	成果展示	能准确表达、汇报工作成果	20		
合计			100		

学习情境的相关知识点

4.5.1 PC装饰与工程特点

(1)工程特点。外墙板(含面砖)、叠合板、阳台板、楼梯板均为工厂预制完毕后在现场安装完成。例如,工厂生产一面带隔热层、压制好的墙板后,在工地现场运用专利技术"粘贴拼装"。采用工厂化方式后,施工失误率可降低到0.01%,外墙渗漏率为0.01%,精度偏差以mm计算小于0.1%。

(2)优点。

1)木材——可以节约18万m^2,折合成森林2 000万m^2。

2)水泥——可以节约6 000万t。

3)钢材——可以节约4万t。

4)建筑垃圾——可以减少500万t。

5)废水——可以减少5 000万t。

(3)目标。

1)提高住宅品质,创造客户价值。

2)实现"节能、节水、节材、节地、环保"的要求。

3)提高管理效率,适应企业的快速发展。

4.5.2 装饰内容与做法

(1)墙体隔断。现建PC楼的墙体隔断采用轻钢龙骨,外封石膏板,需待PC楼层构件吊装完成后方可进行。轻钢龙骨隔断安装施工后,做装饰中间验收。验收通过合格后,再安排石膏板面板安装。

(2)内保温。PC项目采用外墙内保温、外墙自保温和外墙外保温等形式。采用内保温施工,一般可选用XPS、喷涂和EPS等内保温材料。XPS和喷涂内保温材料,按照保温、隔热设计技术参数,厚度应大于30 mm。EPS内保温材料一般选用50 mm的厚度。施工前,内保温材料须取样、送样,经检验合格后再用于PC项目施工。

(3)龙骨、面板。龙骨、面板适用于PC项目的龙骨。在储运和安装时,不得扔摔、碰撞。龙骨应平放,防止变形。面板在储运和安装时应轻拿轻放,不得损坏板材的表面和边角;运输时应采取措施,防止变形。

龙骨和面板均应按品种、规格分类堆放在室内,堆放场地应平整、干燥、通风良好,防止重压、受潮、变形。根据吊顶的设计标高在四周墙上弹线,弹线应清楚,标高应准确。

(4)厨卫隔墙。PC项目厨卫隔墙一般采用非砖砌体材料形式,目前通常采用TK板、GRC和干挂预制材料等形式。

采用非砖砌体材料的施工做法,一般在 PC 预制构件装配完成后,在楼层厨卫的位置放样出墙体基准线及标高控制线,在厨卫隔墙基底楼层面上做高度大于 200 mm 的混凝土导墙。对于非砖砌体材料,按照 PC 设计图纸选定的材料进行施工,避免楼层湿作业的施工体系,体现了楼层内隔墙装配式、定型化的 PC 设计施工方式。

(5)吊顶。PC 工程龙骨、吊顶起拱按设计要求施工,如设计无要求,则按短向跨度的 $1/200 \pm 10$ mm 施工。对于吊顶基层和其余分项工程,应在隐蔽验收完成后即开始施工板面层。板材的品种、规格、式样及基层构造、固定方法等,均应符合设计要求。板材的表面应平整(凹凸、浮雕面除外),边缘整齐,无翘曲。施工前应按规格、花色分类。

4.5.3 装饰施工操作要求

(1)墙体隔断。
1)室内部分为砌块砖,为以后龙骨隔墙的固定提供方便(图 4.32)。
2)预制楼板拼缝应使用专用防水胶封堵(图 4.33)。

图 4.32 室内砌块砖填充墙

图 4.33 预制楼板拼缝

3)室内按图纸进行隔断处理,一般采用 75 型轻钢龙骨进行室内墙体构建(图 4.34)。

图 4.34 室内隔断墙体

4)外墙及室内承重墙采用预制板拼装,对拼缝部位先由土建单位进行防水处理,并进行细部检查、偏差整改、场地移交,然后移交装饰单位。

(2)卫生间导墙做法(图4.35)。

图 4.35　卫生间导墙做法

1)导墙高度一般为 200 mm。严格按照图纸位置放线、定位、浇捣,宽度和龙骨隔墙的宽度一致,避免以后石膏板收头出现垂直面的高低差。

2)轻钢龙骨隔墙与加气块隔墙连接紧靠厨卫的外侧面,采用石膏板通长缝。这样可避免龙骨隔墙与加气块隔墙、石膏板与导墙之间直接拼接处出现后期难以解决的裂缝。操作方法:预浇导墙应在轻钢隔墙的基础上缩进厨卫 10 mm,因为隔墙石膏板不能打钉固定,必须使用专用石膏胶粘剂,注意控制胶粘剂的厚度。这样,轻钢龙骨隔墙在安装第二层石膏板时和隔墙上的石膏板正好拼接在一个平面内。石膏板之间的拼缝通过防裂绷带解决。导墙与石膏板的拼缝由踢脚线解决。

(3)内保温施工(图4.36)。

图 4.36　内保温施工

1)室内线管排布完成后再做外墙内保温。一般保温板可分为带单层石膏板和无石膏板两种。室内选用带单层石膏板的保温板,在安装过程中用粘结石膏将其固定,在隔墙转角处应向内延伸 450 mm 左右。

2)在保温层固化干燥后,用铁抹子在保温层上抹抗裂砂浆,厚度为 3~4 mm,不得漏抹。在刚抹好的砂浆上用铁抹子压入裁好的网格布,要求网格布竖向铺贴并全部压入抗裂砂浆内。网格布不得有干贴现象,粘贴饱满度应达到 100%;接槎处搭接应不小于 50 mm,两层搭接网布之间要布满抗裂砂浆,严禁干槎搭接。在门窗口角处洞口边角应沿 45°斜向加贴一道网格布,网格布的尺寸宜为 400 mm×150 mm。

3)在抹完抗裂砂浆 24 h 后即可刮抗裂柔性腻子(设计不贴瓷砖的厨房、卫生间等有防水要求的部位应刮柔性耐水腻子),刮两三遍。

4)厨卫保温墙保温板选用无石膏板保温板,安装完成后直接在其表面贴一层钢丝网并用水泥砂浆磨平,以确保墙砖拼贴的稳固性。

(4)龙骨施工(图 4.37、图 4.38)。

图 4.37 单、双层龙骨安装与走线布置

(a)双层龙骨安装;(b)单层龙骨安装;(c)龙骨间穿线尽量走地或走顶

图 4.38 龙骨面板安装

(a)隔声棉;(b)在安装完一面石膏后填充隔声棉;(c)安装加强板(注意壁画与空调等的位置)

1)先安装沿顶龙骨,再用一根竖向龙骨和水平尺对沿地龙骨进行定位。用膨胀螺栓将沿顶龙骨和沿地龙骨固定在结构层上,螺栓间距为 600 mm,且龙骨两端膨胀螺栓与端头的距离为 50 mm。在固定 U 形沿边龙骨前,应在龙骨与结构层之间施以连续且均匀的密封

胶。分段的沿边龙骨虽然不需互相固定，但是端头要紧靠在一起。

2)安装 C 形竖向龙骨以形成隔墙框架。高度应比沿顶龙骨和沿地龙骨腹板间的净距小 5 mm。如需加长竖向龙骨，采用互相搭接方式接长，搭接部分长度不小于 60 mm，搭接处将龙骨对口用平头螺栓固定。

3)调整 C 形竖向龙骨的位置。一般室内竖向龙骨间距为 300～400 mm，厨卫间为 250 mm（考虑厨卫墙砖的拉力会引起龙骨变形等因素），且竖向龙骨每隔 500 mm 加一枚龙骨衬卡。

4)将 U 形沿边龙骨翼缘剪开并向上弯折以加固门框。

5)将 U 形龙骨剪开并向下弯折以形成门楣，将弯折好的 U 形龙骨固定在竖向龙骨上。

6)在门的位置并列两根 C 形竖向龙骨，C 形开口方向相对，侧面可用铝条加自攻螺钉固定。如果门的实际尺寸为 900 mm，C 形竖向龙骨应比实际宽 5～6 mm，为以后安装门扇提供方便。

7)安装穿心龙骨，竖向间距为 1 m，用自攻螺钉固定（竖向龙骨出厂前已预留穿心龙骨位置）。

8)隔墙内的插座开关管线敷设。尽量借用龙骨现有孔洞，如需穿墙可在顶部或底部开孔穿管线。

9)安装一面石膏板或 TK 板(室内墙面须使用普通单层石膏板，卧室与卧室隔墙须使用普通双层石膏板，厨卫墙面须使用防水石膏板或 TK 板)。

10)安装加强板便于壁挂空调或壁画类承重物件。用 12 厘板裁切成龙骨空挡，大小、高度以略超过空调或壁画尺寸两端各 200 mm 为宜，背面打白胶，在已安装的石膏板上向内用自攻螺钉固定加强板，填充吸声棉。在需要隔声的房间、玄关等小隔段部位填充吸声棉。施工前，应戴口罩和手套，以防止将吸声棉内的玻璃纤维吸入体内或附在皮肤表面引起瘙痒。

(5)厨卫间隔墙做法(图 4.39)。

1)厨卫间龙骨隔墙：贴 TK 板或防水石膏板(建议用 TK 板，因为强度比石膏板高，便于贴砖)，并在上面铺一层钢丝网，用厚 2 mm 界面剂加水泥砂浆抹平，然后弹线定位贴墙砖。

2)厨卫间伊通板墙面：先用水泥砂浆找平基层后，直接弹线定位进行墙砖铺贴。

图 4.39　厨卫间隔墙做法

(6)吊顶做法(图 4.40)。

1)先按图纸尺寸在顶棚进行弹线定位,间距为 400 mm×700 mm。

2)然后在弹线交叉处进行钻孔,打吊筋。吊顶有两种选择:一种是采用可耐福专用龙骨吊顶配件,安装方便快捷;另一种是采用市场上常见的龙骨吊顶配件,工序稍烦琐。

3)待顶棚管线安装完成后,进行龙骨吊顶、石膏板安装。

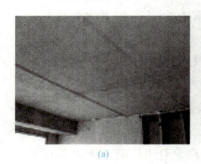
(a)

(b)

(c)

图 4.40 吊顶做法

(a)弹龙骨线;(b)安装龙骨吊卡;(c)在墙上弹好吊顶高度线,用铆钉固定竖向龙骨

任务 4.6 预制装配式住宅产品保护

学习情境描述

学校举行基于真实岗位的体验活动,要求学生扮演监理工程师,收集关于预制装配式住宅产品保护的相关资料,调查预制构件生产、运输、吊装过程中容易出现的问题并给出解决方案。

学习目标

知识目标:通过对预制装配式住宅产品保护过程的分析与阐述,掌握施工要点和流程。

能力目标:能运用预制装配式住宅产品保护的知识,并能掌握预制装配式住宅产品保护过程中解决问题的方法。

素质目标:通过讲解预制装配式住宅产品保护,培养学生团结协作、认真、严谨、敬业的工作作风,培养学生的爱国情怀、民族自信心及创新意识,开拓学生的国际视野。

任务书

具体要求：
1. 通过多重手段收集预制装配式住宅产品保护过程中的相关资料。
2. 综合分析所收集资料，对提出的问题和解决方案归类总结。
3. 制作PPT，由组长对本组总结情况进行简述。

任务分组

全班分组完成任务，每组最多五人，一人为组长，得分高者获胜。

工作准备

1. 组长对组员进行任务分工。
2. 搜集对预制装配式住宅产品保护要求的相关规范资料。

工作实施

引导性问题1：
PC构件的产品保护措施可分为哪几个方面？请举例说明。

_____
_____
_____
_____
_____

引导性问题2：
PC构件运输过程中的产品保护措施应注意哪些要点？

_____
_____
_____
_____
_____

引导性问题3：
PC产品吊装前后的保护措施应注意哪些要点？

___

___

___

___

___

___

评价反馈

本任务采用学生与教师综合评价的形式，通过资料搜集，了解PC构件生产、运输、吊装全过程中的产品保护措施，检查学习内容是否存在缺项、漏项。

综合评价表

班级：		第____组		组长签字_____	
学习任务		任务4.6 预制装配式住宅产品保护			
评价项目		评价标准	分值	学生评价(40%)	教师评价(60%)
工作过程(60%)	PC构件的产品保护措施	了解PC构件的产品保护措施	10		
	PC构件运输的产品保护措施	了解PC构件运输的产品保护措施	10		
	PC构件吊装的产品保护措施	了解PC吊装的产品保护措施	10		
	工作态度	态度端正，工作认真、主动	5		
	工作质量	能按计划完成工作任务	5		
	协调能力	与小组成员能合作协调工作	5		
	职业素质	能做到安全生产，文明施工，保护环境，爱护公共设施	5		
	创新意识	明确目标和价值指向	5		
	爱国主义精神	具有责任感、民族自豪感及民族自信心	5		
项目成果(40%)	工作完整	能按时完成任务	5		
	工作规范	正确认识PC结构的保护措施，完成实践任务	15		
	成果展示	能准确表达、汇报工作成果	20		
		合计	100		

学习情境的相关知识点

4.6.1 产品保护要求

(1)PC构件为使用成品,在现场做好各施工阶段的产品保护是很有必要的,因为其是工程通过施工验收的基础。

(2)构件饰面砖保护一般应选用无褪色或无污染的材料,以防止揭纸(膜)后饰面砖表面被污染。

(3)为避免楼层内后续施工时,行走中与运输楼梯通道的PC楼梯相撞,踏步口要有牢固可行的保护措施。阳台板、空调板安装就位后,直至验收交付,使用装饰成品部位应做覆盖保护。

(4)PC构件在安装施工中及装配后,应做好产品保护。

(5)PC外墙板饰面砖可采用表面贴膜或用专业材料保护(图4.41)。

(6)PC楼梯安装完成后,在踏步口宜用铺设木条或覆盖形式保护(图4.42)。

(7)当PC阳台板或PC空调板为成品产品时,表面和侧面宜选用木板等硬质材料铺盖。

图4.41 PC外墙板饰面砖保护

图4.42 PC楼梯踏步口保护

4.6.2 产品保护措施

1.PC构件运输过程中的产品保护措施

(1)外墙板保护措施。外墙板装车时采用竖直运送的方式,在运输车上配备专用运输架,并固定牢固。同一运输架上的两块板采用背靠背的形式竖直立放,上部用花篮螺栓互相连接,两边用斜拉钢丝绳固定。

外墙板使用低跑平板车运输，车启动应缓慢，车速均匀，转弯变道时要减速，以防止墙板倾覆。

(2)叠合板保护措施。叠合板采用平放运输，每块叠合板用4块木块作为搁支点，木块尺寸要相同。长度超过4m的叠合板应设置6块木块作为搁支点(板中应比一般板块多设置2个搁支点，防止预制叠合板中间部位产生较大的挠度)。叠合板的叠放应尽量保持水平，叠放数量不应多于6块，并且用保险带扣牢。运输时，车速不应过快，转弯或变道时须减速。

(3)阳台板、预制楼梯保护措施。阳台板、楼梯采用平放运输，用槽钢作搁支点并用保险带扣牢。阳台和楼梯必须单块运输，不得叠放。

2. 现场产品堆放保护措施

外墙板运至施工现场后，按编号依次吊放至堆放架上，堆放架必须放在塔式起重机有效范围的施工空地上。外墙板采用靠放的方式，用槽钢制作满足刚度要求的支架，并对称堆放，将面砖面朝外，倾斜角度保持在5°～10°，以免面砖与堆放架相碰而脱落。墙板搁支点应设在墙板底部两端处，堆放场地需平整、结实。墙板搁支点采用柔性材料，堆放好后采取固定措施。

叠合板、阳台板、楼梯堆放时，要垫4包黄沙，作为调平高低差之用，防止构件倾斜滑动。叠合板叠放时须用4块尺寸大小相同的木块衬垫，木块高度必须大于叠合板外露马凳筋的高度，以免上、下两块叠合板相碰。阳台板、楼梯必须单块堆放。

所有预制构件堆场与其他设备、材料堆场须有一定的距离，堆放场地须平整、结实。在预制构件卸运时，吊具的螺钉一定要拧紧，钢丝绳与预制构件接触面要用木板垫牢，防止板面破损。

3. PC产品吊装前后保护措施

预制外墙板成品出厂前，由构件厂在饰面面砖上铺贴一层透明保护薄膜，防止现场施工的粉尘及楼层浇捣混凝土时外漏的浆液污染外墙面砖，并在装饰阶段用幕墙吊篮的方法由上向下进行剥除。预制阳台翻口上的预埋螺栓孔和预制楼梯侧面的接驳器要涂黄油并用海绵棒填塞，防止混凝土浇捣时将其堵塞及暴露在空气中可能产生锈蚀。铝合金窗框在外墙板制作时必须预先贴好高级塑料保护胶带，并在外墙板吊装前由现场施工人员用木板保护，以防止其他工序施工时损坏。

叠合板、阳台板吊装前在支撑排架上放置两根槽钢，叠合板和阳台板搁支在槽钢上，不仅可以避免钢管破坏叠合板和阳台板底面，还可以方便地控制叠合板和阳台板的标高和平整度。吊装就位后，阳台板翻口、楼梯踏步须用木板覆盖保护。

4. 装饰阶段产品保护措施

在PC项目装饰阶段，楼地面、内装修等施工时，无论是施工搭接还是操作过程中，均应注意做好产品保护工作，以使工程达到优质、低耗。

高级地砖及地板上应铺木屑或草垫。对卫生设施施工完毕后，应用三夹板铺设进行保护。卫生设施等用房施工完毕后应进行封锁，并应实行登记、领牌、专人监护制度。

木门窗挡用塑料薄膜将不靠墙处包实，以免污染墙面影响刷油漆。在门挡离地 1.5 m 处用夹板进行保护，并派专人负责开启门锁，以避免施工人员随便进入。

外墙面砖铺贴完成后，即在 2.5 m 以下，采用彩条布进行全封闭保护。勾缝时可暂时拆除，待勾缝完成后再次密封，直至工程竣工验收。除设有符合规定的装置外，不得在施工现场熔融沥青或焚烧油毡、油漆及其他会产生有毒有害烟尘和恶臭气体的物质。进入现场的设备、材料必须避免放在低洼处，要将设备垫高，设备露天存放应加盖毡布，以防雨淋日晒。

任务 4.7　质量验收划分与标准

学习情境描述

学校举行基于真实岗位的体验活动，要求学生扮演质检员，收集关于质量验收划分与标准的相关资料，并掌握质量验收划分与标准的检查方法。

学习目标

知识目标：通过对质量验收划分与标准进行分析和阐述，掌握制定质量验收划分与标准的要点。

能力目标：能运用质量验收划分与标准的知识。

素质目标：通过讲解预制构件质量验收划分与标准，培养学生团结协作、认真、严谨、敬业的工作作风。

任务书

具体要求：

1. 通过多重手段收集质量验收划分与标准的相关资料。
2. 综合分析所收集资料，对质量验收划分与标准归类总结。
3. 制作 PPT，由组长对本组总结情况进行简述。

任务分组

全班分组完成任务，每组最多五人，一人为组长，得分高者获胜。

工作准备

1. 组长对组员进行任务分工。
2. 收集对预制装配式施工质量验收要求的相关规范资料。
3. 结合任务书分析质量验收的难点和常见问题。

工作实施

引导性问题1：
PC结构质量验收的划分和传统结构质量验收的划分的异同点有哪些？请举例说明。

_____
_____
_____
_____
_____
_____
_____

引导性问题2：
PC结构质量验收的方法有哪些？请举例说明。

_____
_____
_____
_____
_____
_____
_____

评价反馈

本任务采用学生与教师综合评价的形式，通过资料搜集，调查PC结构质量验收的划分和传统结构质量验收划分的异同点，检查学习内容是否存在缺项、漏项。

综合评价表

班级：	第＿＿＿组		组长签字＿＿＿＿＿	
学习任务	任务4.7 质量验收划分与标准			
评价项目	评价标准	分值	学生评价(40%)	教师评价(60%)
工作过程(60%) — PC结构质量验收划分	了解PC结构的质量验收划分准则	10		
工作过程(60%) — PC结构验收与传统结构验收	了解PC结构验收与传统结构验收划分的区别	10		
工作过程(60%) — PC结构质量验收的方法	了解PC结构质量验收的方法	10		
工作过程(60%) — 工作态度	态度端正，工作认真、主动	5		
工作过程(60%) — 工作质量	能按计划完成工作任务	5		
工作过程(60%) — 协调能力	与小组成员能合作协调工作	5		
工作过程(60%) — 职业素质	能做到安全生产，文明施工，保护环境，爱护公共设施	5		
工作过程(60%) — 创新意识	明确目标和价值指向	5		
工作过程(60%) — 爱国主义精神	具有责任感、民族自豪感及民族自信心	5		
项目成果(40%) — 工作完整	能按时完成任务	5		
项目成果(40%) — 工作规范	正确认识PC结构质量验收的方法，完成实践任务	10		
项目成果(40%) — PC结构质量验收方案	掌握PC结构质量验收的方法，并提交专项验收方案	10		
项目成果(40%) — 成果展示	能准确表达、汇报工作成果	15		
合计		100		

学习情境的相关知识点

4.7.1 验收程序与划分

(1)PC结构质量验收按单位(子单位)工程、分部(子分部)工程、分项工程和验收批的划分进行。按《建筑工程施工质量验收统一标准》(GB 50300—2013)验收，土建工程分为地基与基础、主体结构(预制与现浇)、建筑装饰装修、建筑屋面4个分部。机电安装分为建筑给水排水及采暖、建筑电气、智能建筑、通风与空调、电梯5个部分。建筑节能为1个分部。

(2)PC结构按PC构件质量验收分部、PC构件吊装质量验收分部、分部现浇混凝土质量验收分部、PC结构竣工验收与备案分部4个分部划分。

4.7.2 PC构件验收方法与标准

1. PC构件验收方法

PC构件验收分为PC构件制作生产单位验收与施工单位(含监理单位)现场验收。

(1)构件厂验收。构件厂验收包含模具、外墙饰面砖、制作材料(水泥、钢筋、砂、石、外加剂等)等方面；成品后，应逐块验收PC构件的外观质量、几何尺寸。

(2)现场验收。应验收PC构件的观感质量、几何尺寸和PC构件的产品合格证等有关资料。PC构件图纸编号与实际构件的一致性检查。对PC构件在明显部位标明的生产日期、构件型号、构件生产单位及其验收标志进行检查。按设计图纸的标准对PC构件预埋件、插筋、预留洞的规格、位置和数量进行检查。

2. 验收标准

验收标准见表4.2～表4.8。

表4.2 PC钢模检测表

板编号_____

序号	检测项目	允许偏差/mm	实测值/mm	检验方法
1	边长	+1、-2		钢尺四边测量，每块检查
2	板厚	+1、-2		钢尺测量，取两边平均值
3	扭曲、翘曲、弯曲、表面凹凸	-2、+1		四角用两根细线交叉固定，钢尺测中心点高度
4	对角线误差	-1、+2		细线测两根对角线尺寸，取差值，每块检查
5	预埋件	±2		钢尺检查
6	直角度	±1.5		用直角尺或斜边测量

表4.3 PC面砖入模检测表

板编号_____

序号	检测项目	允许偏差/mm	实测值/mm	检验方法
1	面砖质量(大小、厚度等)		抽查	入模粘贴前，按10%到厂箱数抽取样板，每箱任意抽出两张295 mm×295 mm瓷片作尺寸、缝隙检查

续表

序号	检测项目	允许偏差/mm	实测值/mm	检验方法
2	面砖颜色	抽查		入模粘贴前,检查瓷片颜色是否与送货单及预制厂样板一致,目测
3	面砖对缝(缝横平竖直、宽窄不一、嵌条密实、错缝超标等)	全数检查		目测,与钢尺测量相结合
4	窗上楣的鹰嘴	0~1		用三角尺,全数检查

表 4.4 PC 铝窗入模检测表

板编号_____

序号	检测项目	允许偏差/mm	实测值/mm	检验方法
1	窗框定位(咬窗框宽度等)	±2		钢尺四边测量,抽测不少于30%
2	窗框方向	全部正确		对内外、上下、左右目测
3	45°拼角(无裂缝)	抽检		目测,每批检查不少于30%
4	管线预埋(防雷)	全数检查无遗漏		目测
5	防盗预埋(智能化)	全数检查无遗漏		目测
6	锚固脚片	全数检查无遗漏		目测
7	保温槽口	全数检查		目测
8	90°转角窗	确保为直角,全数检查		直角尺检测
9	对角线误差	±2		钢尺测量抽查不少于30%
10	窗框防腐	全数检查		目测
11	窗的水平度	±2		全数检查

表 4.5 PC 预埋件与预留孔洞检测表

板编号_____

序号	检测项目		允许偏差/mm	实测值/mm	检验方法
1	预埋钢板	中心线位置	3		用钢尺全数检查
		安装平整度	3		用靠尺和塞尺全数检查
2	插筋	中心线位置	5		钢尺抽查检查
		外露长度	+10,0		钢尺抽查检查
3	预埋吊环	中心线位置	±50		钢尺全数检查
		外露长度	+10,0		钢尺全数检查

续表

序号	检测项目		允许偏差/mm	实测值/mm	检验方法
4	预留洞(中心线位置大小倾斜度与方向)	中心线位置等	5		钢尺、目测全数检查
5	预埋接驳器	中心线位置	5		钢尺全数检查
6	其他预埋件	中心线位置	5		钢尺全数检查

表4.6 PC钢筋入模检测表

板编号_____

序号	检测项目		允许偏差/mm	实测值/mm	检验方法
1	绑扎钢筋网	长、宽	±10		钢尺检查
		网眼尺寸	±20		钢尺量连续三档,取最大值
2	绑扎钢筋骨架	长	±10		钢尺检查
		宽、高	±5		钢尺检查
3	受力钢筋	间距	±10		钢尺量两端、中间各一点,取最大值
		排距	±5		取最大值
		板保护层厚度	±3		钢尺全数检查
4	绑扎箍筋、横向钢筋间距		±20		钢尺量连续三档,取最大值

注:钢筋保护层厚度不超过25 mm,每批钢筋都要取样进行力学性能检测试验。

表4.7 PC出厂装车前产品检测表

板编号_____

序号	检测项目	允许偏差/mm	实测值/mm	检验方法
1	出模混凝土强度	≥70%		抽查混凝土试验报告
2	预制板板长	±2		钢尺抽查
3	预制板板宽	±2		钢尺抽查
4	预制板板高	±2		钢尺抽查
5	预制板侧向弯曲及外面翘曲	±3		四角用两根细线交叉固定,钢尺测细线到对角线中心,抽查不少于30%
6	预制板对角线差	±3		细线测两根对角线尺寸,取差值
7	预制板内表面平整度(对非拉毛的板)	3		用2 m靠尺和塞尺检查

续表

序号	检测项目	允许偏差/mm	实测值/mm	检验方法
8	修补质量	按修补方案执行，气泡直径0.3 mm以上要修补的不能有裂缝		按修补方案执行，修补位置要做好记录
9	产品保护	全数保护		目测
10	安装用的控制墨线	±2		全数钢尺检查
11	预埋钢板中心线位置	3		钢尺检查
12	预埋管、孔中心线位置	±3		钢尺检查
13	预埋吊环中心线位置	±50		钢尺检查
14	止水条(位置、端头、粘结力等)			目测、手拉拉
15	铝窗检查	检查是否有破坏、移位、变形		全数检查
16	出厂前预制板编号			全数检查
17	临时加固措施			按方案检查
18	出厂前检查新老混凝土接合处	拉毛洗石面		全数检查

注：对出厂的每块板随机抽查不少于5项。

表 4.8 PC墙板面砖现场修补检测表

本表流水编号_____

序号	检测项目	允许偏差/mm	实测值/mm	备注
1	面砖修补部位(PC板编号、第几块)	(记录在备注栏)		
2	面砖修补数量	(记录在备注栏)		
3	混凝土割入深度	全数检查		目测
4	胶粘剂饱和度	全数检查		目测
5	粘结牢固度	全数检查		目测
6	面砖对缝	全数检查		目测
7	面砖平整度	全数检查		目测

3. PC 构件吊装验收内容和标准

（1）吊装验收内容。PC 构件堆放和吊装时，支撑位置和方法符合设计和施工图纸。吊装前，在构件和相应的连接、固定结构上标注尺寸标高等控制尺寸，检查预埋件及连接钢筋的位置等。

起吊时，绳索与构件通过铁扁担吊装。安装就位后，检查构件稳定的临时固定措施，复核控制线，校正固定位置。

（2）吊装验收标准。验收标准见表 4.9、表 4.10。

表 4.9 PC 墙板吊装浇混凝土前期每层检测表

_____号楼第_____层

序号	检测项目	允许偏差/mm	实测值/mm	检验方法
1	板的完好性（放置方式正确，有无缺损、裂缝等）	按标准		目测
2	楼层控制墨线位置	±2		钢尺检查
3	面砖对缝	±1		目测
4	每块外墙板尤其是四大角板的垂直度	±2		吊线、2 m 靠尺检查抽查 20%（四大角全数检查）
5	紧固度（螺栓帽、三角靠铁、斜撑杆、焊接点等）			抽查 20%
6	阳台、凸窗（支撑牢固、拉结、立体位置准确）	±2		目测、钢尺全数检查
7	楼梯（支撑牢固、上下对齐、标高）	±2		目测、钢尺全数检查
8	止水条、金属止浆条（位置正确、牢固、无破坏）	±2		目测
9	产品保护（窗、瓷砖）	措施到位		目测
10	板与板的缝宽	±2		楼层内抽查至少 6 条竖缝（楼层结构面＋1.5 m 处）

表 4.10 PC 墙板吊装浇混凝土后每层检测表

_____号楼第_____层

序号	检测项目	允许偏差/mm	实测值/mm	检验方法
1	阳台、凸窗位置准确性	±2		钢尺检查
2	产品保护（窗、瓷砖）	措施到位		目测
3	四大角板的垂直度	±5		J2 经纬仪（具体数据填于 A4 纸的平面图上）
4	楼梯（位置、产品保护）			目测

续表

序号	检测项目	允许偏差/mm	实测值/mm	检验方法
5	板与板的缝宽	±2		楼层内抽查至少2条竖缝（楼层结构面+1.5 m处）
6	混凝土的收头、养护	措施到位		目测

注：本表用于浇筑混凝土后36 h内检查。

任务4.8　预制构件常见的质量通病及预控措施

学习情境描述

学校举行基于真实岗位的体验活动，要求学生扮演质检员，根据给出的图片或描述的问题来提出预控措施。

学习目标

知识目标：通过对构件生产中的质量通病、原因分析与预控措施进行阐述，掌握构件生产过程中的相关问题。

能力目标：能运用构件生产中质量通病的特征去识别通病的类型，并能通过识别通病的类型找出通病产生的原因，同时能提出预防通病的方案。

素质目标：通过讲解预制构件常见的质量问题，明确预制构件生产及施工的质量责任，增强学生的社会责任感，培养学生认真、严谨的工作作风。

任务书

具体要求：

1. 通过多重手段收集构件在生产中的问题等资料。
2. 综合分析所收集的资料，对提出的预防方案进行归类总结。
3. 制作PPT，由组长对本组总结情况进行简述。

任务分组

全班分组完成任务，每组最多五人，一人为组长，得分高者获胜。

工作准备

1. 组长对组员进行任务分工。
2. 调查各类预制装配式建筑施工质量常见的问题。

工作实施

引导性问题1：

在构件生产过程中，混凝土预制构件表面缺陷有哪些？如何预防？请举例说明。

_____

_____

_____

_____

引导性问题2：

在构件生产过程中，预防预制构件强度不足的措施有哪些？

_____

_____

_____

_____

引导性问题3：

在预制构件生产过程中，预制构件钢筋工程质量通病有哪几类？如何预防？请举例说明。

_____

_____

_____

_____

_____

评价反馈

本任务采用学生与教师综合评价的形式，通过资料收集，了解混凝土预制构件表面的缺陷问题、预防预制构件的强度不足及钢筋质量等常见问题，检查学习内容是否存在缺项、漏项。

综合评价表

年　　月　　日

班级：		第＿＿＿组		组长签字＿＿＿＿＿	
学习任务		任务4.8　预制构件常见的质量通病及预控措施			
评价项目		评价标准	分值	学生评价(40%)	教师评价(60%)
工作过程 (60%)	混凝土预制构件表面缺陷	了解混凝土预制构件常见的表面缺陷	10		
	钢筋常见的问题	了解预制构件中钢筋工程的常见问题	10		
	预制构件强度不足	了解预防预制构件强度不足的主要方法	10		
	工作态度	态度端正，工作认真、主动	5		
	工作质量	能按计划完成工作任务	5		
	协调能力	与小组成员能合作协调工作	5		
	职业素质	能做到安全生产，文明施工，保护环境，爱护公共设施	5		
	创新意识	明确目标和价值指向	5		
	爱国主义精神	具有责任感、民族自豪感及民族自信心	5		
项目成果 (40%)	工作完整	能按时完成任务	5		
	工作规范	正确认识预制构件主要的常见质量问题，完成实践任务	15		
	成果展示	能准确表达、汇报工作成果	20		
合计			100		

学习情境的相关知识点

在预制构件生产中，由于方方面面的原因，如混凝土配合比、水泥质量、砂石料规格、施工工艺、蒸养工序、过程控制、运输方式等因素造成预制构件质量可控性较差，从而会产生各种各样的质量通病，如蜂窝、麻面、气泡、缺棱掉角等质量通病对结构、建筑通常都没有很大影响，属于次要质量缺陷，但在外观要求较高的项目（如清水混凝土项目）中，这类问题就会成为主要问题。如平整度超差、构件几何尺寸偏差等这类质量问题不一定会造成结构缺陷，但可能会影响建筑功能和施工效率。如裂纹、强度不足、钢筋保护层问题等质量通病可能影响到结构安全，属于重要质量缺陷。

1. 蜂窝

蜂窝是指混凝土结构局部出现酥松，砂浆少，石子多，气泡或石子之间形成孔隙类似蜂窝状的窟窿（图 4.43）。

图 4.43 蜂窝

蜂窝产生的原因如下：

(1)混凝土配合比不当或砂、石、水泥、水计量不准，造成砂浆少，石子多。砂石级配不好，造成砂少、石子多。

(2)混凝土搅拌时间不够，搅拌不均匀，和易性差。

(3)模具缝隙未堵严，造成浇筑振捣时缝隙漏浆。

(4)一次性浇筑混凝土或分层不清。

(5)混凝土振捣时间短，混凝土不密实。

预控措施如下：

(1)严格控制混凝土配合比，做到计量准确、混凝土拌和均匀、坍落度适合。

(2)控制混凝土搅拌时间，最短不得少于规范规定。

(3)模具拼缝严密。在混凝土浇筑过程中应随时检查模具有无漏浆、变形，若有漏浆、变形情况，则应及时采取补救措施。

(4)混凝土浇筑应分层下料（预制构件端面高度大于 300 mm 时，应分层浇筑，每层混凝土浇筑高度不得超过 300 mm），分层振捣，直至气泡排除为止。

(5)振捣设备应根据不同的混凝土品种、工作性和预制构件的规格形状等因素确定，振捣前应制定合理的振捣成型操作规程。

2. 麻面

麻面是指构件表面局部出现缺浆粗糙或许多小坑、麻点等，形成一个粗糙面（图4.44）。

图4.44 麻面

麻面产生的原因如下：

(1)模具表面粗糙或粘附水泥浆渣等杂物未清理干净，拆模时混凝土表面被粘坏。

(2)模具清理及脱模剂涂刷工艺不当，致使混凝土中水分被模具吸去，使混凝土失水过多出现麻面。

(3)模具拼缝不严，局部漏浆。

(4)模具隔离剂涂刷不匀、局部漏刷或失效，混凝土表面与模板粘结造成麻面。

(5)混凝土振捣不实，气泡未排出停在模板表面形成麻点。

预控措施如下：

(1)在构件生产前，需要将模具表面清理干净，做到表面平整光滑，保证不出现生锈现象。

(2)模具与混凝土的接触面应涂抹隔离剂，在进行隔离剂的涂刷过程中一定要均匀，不能出现漏刷或积存。

(3)混凝土应分层均匀振捣密实，至排除气泡为止。

(4)浇筑混凝土前认真检查模具的牢固性及缝隙是否堵好。露天生产时，应有相应的质量保证措施。

3. 孔洞

孔洞是指混凝土中孔穴深度和长度均超过保护层厚度（图4.45）。

图 4.45 孔洞

孔洞产生的原因如下：

(1)在钢筋较密的部位或预留孔洞和埋件处，混凝土下料被搁住，未振捣就继续浇筑上层混凝土。

(2)混凝土离析，砂浆分离，石子成堆，严重跑浆，又未进行振捣。混凝土一次下料过多、过厚，振捣器振动不到，形成松散孔洞。

(3)混凝土内掉入泥块等杂物，混凝土被卡住。

预控措施如下：

(1)在钢筋密集及复杂部位，采用细石混凝土浇灌。

(2)认真分层振捣密实，严防漏振。

(3)若砂石中混有黏土块、模具工具等杂物掉入混凝土内，则应及时清除干净。

4. 气泡

气泡是指预制构件脱模后，构件表面存在除个别大气泡外，呈片状密集的众多细小气泡(图 4.46)。

图 4.46 气泡

气泡产生的原因如下：

(1)砂石级配不合理，粗骨料过多，细骨料偏少。

(2)骨料大小不当，针片状颗粒含量过多。用水量较大，水胶比较高的混凝土。

(3)脱模剂质量效果差或选择的脱模剂不合适。

(4)与混凝土浇筑中振捣不充分、不均匀有关。往往浇筑厚度超过技术规范要求，由于气泡行程过长，即使振捣的时间达到要求，气泡也不能完全排出。

预控措施如下：

(1)严格把好材料关，控制骨料大小和针片状颗粒含量，备料时要认真筛选，剔除不合格材料。

(2)优化混凝土配合比。

(3)模板应清理干净。选择效果较好的脱模剂，并涂抹均匀。

(4)分层浇筑，一次放料高度不宜超过 300 mm。对于较长构件预制梁，要指挥桥式起重机来回移动，均匀地布料。

(5)要选择适宜的振捣设备、最佳的振捣时间，振捣过程中要按照"快插慢抽、上下抽拔"的方法，操作振动棒要直上直下，快插慢拔，不得漏振，振动时要上下抽动，每个振点的延续时间以表面呈现浮浆为度，以便将气泡排出。振捣棒插到上一层的浇筑面下 100 mm 为宜，使上、下层混凝土结合成整体。严防出现混凝土的欠振、漏振和超振现象。

5. 烂根

烂根是指预制构件浇筑时，混凝土浆顺模具缝隙从模具底部流出或模具边角位置脱模剂堆积等原因，导致底部混凝土面出现"烂根"(图 4.47)。

图 4.47　烂根

烂根产生的原因如下：

(1)模具拼接缝隙较大、模具固定螺栓或拉杆未拧牢固。

(2)模具底部封堵材料的材质不理想及封堵不到位造成密封不严，引起混凝土漏浆。

(3)混凝土离析。

(4)脱模剂涂刷不均匀。

预控措施如下：

(1)模具拼缝严密。

(2)模具侧模与侧模之间、侧模与底模之间应张贴密封条，以保证缝隙不漏浆；密封条材质的质量应满足生产要求。

(3)优化混凝土配合比。浇筑过程中注意振捣方法、振捣时间，避免过度振捣。

(4)脱模剂应涂刷均匀，无漏刷、堆积现象。

6. 露筋

露筋是指混凝土内部钢筋裸露在构件表面(图4.48)。

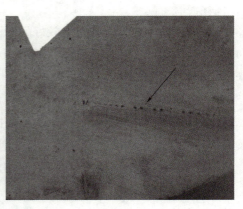

图 4.48 露筋

露筋产生的原因如下：

(1)在浇混凝土时，钢筋保护层垫块位移、垫块太少或漏放，致使钢筋紧贴模具外露。

(2)结构构件截面过小，钢筋过密，石子卡在钢筋上，使水泥砂浆不能充满钢筋周围，造成露筋。

(3)混凝土配合比不当，产生离析，靠近模具的部位缺浆或模具漏浆。

(4)混凝土保护层过小或保护层处的混凝土漏振、振捣不实，或振捣棒撞击钢筋、踩踏钢筋，使钢筋位移，造成露筋。

(5)脱模过早，拆模时缺棱掉角，导致露筋。

预控措施如下：

(1)钢筋保护层垫块厚度、位置应准确，垫足垫块，并固定好，加强检查。

(2)钢筋稠密区域，按规定选择适当的石子粒径，最大粒径不得超过结构界面最小尺寸的1/3。

(3)保证混凝土配合比准确和良好的和易性。模板应认真封堵缝隙。

(4)混凝土振捣严禁撞击钢筋，操作时，避免踩踏钢筋，如有踩弯或脱扣等，则应及时调整。

(5)正确掌握脱模时间，防止过早拆模，碰坏棱角。

7. 缺棱掉角

缺棱掉角是指结构或构件边角处混凝土局部掉落，不规则，棱角有缺陷（图4.49）。

图4.49 缺棱掉角

缺棱掉角产生的原因如下：

(1)脱模过早，造成混凝土边角随模具拆除破损。

(2)由于拆模操作过猛，边角受外力或重物撞击致使棱角被碰掉。

(3)模具边角灰浆等杂物未清理干净，未涂刷隔离剂或涂刷不均匀。

(4)构件成品在脱模起吊、存放、运输等过程中受外力或重物撞击致使棱角被碰掉。

预控措施如下：

(1)控制构件脱模强度。脱模时，构件强度应满足设计强度等级要求时方可脱模。

(2)拆模时注意保护棱角，避免用力过猛。

(3)对于模具边角位置要清理干净，不得粘有灰浆等杂物。涂刷隔离剂要均匀，不得漏刷或积存。

(4)加强预制构件成品的保护。

8. 裂缝

裂缝从混凝土表面延伸至混凝土内部，按照深度不同可分为表面裂缝、深层裂缝、贯穿裂缝。贯穿裂缝或深层的结构裂缝对构件的强度、耐久性、防水等将造成不良影响，对钢筋的保护尤其不利（图4.50）。

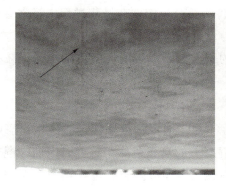
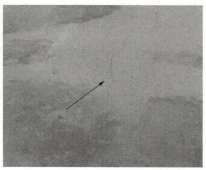

图4.50 裂缝

裂缝产生的原因如下：

(1)混凝土失水干缩引起的裂缝：成型后养护不当，受到风吹日晒，表面水分散失快。

(2)采用含泥量大的粉砂配制混凝土，收缩大，抗拉强度低。

(3)不当荷载作用引起的结构裂缝：在构件上部放置其他荷载物。

(4)在蒸汽养护过程中升温、降温太快。

(5)预制构件吊装、码放不当引起的裂缝。

(6)预制构件在运输及库区堆放过程中支垫位置不对产生裂缝。

(7)预制构件较薄、跨度大，易引起的裂缝。

(8)由于构件拆模过早，导致混凝土强度不足，使构件在自重或施工荷载下产生裂缝。

(9)钢筋保护层过厚或过薄。

预控措施如下：

(1)成型后及时覆盖养护，保湿保温。

(2)优化混凝土配合比，控制混凝土自身收缩。

(3)控制混凝土水泥用量，水胶比和砂率不要过大。严格控制砂、石含泥量，避免使用过量粉砂。

(4)制定详细的构件脱模吊装、码放、倒运、安装方案并严格执行。构件堆放时支点位置不应引起混凝土发生过大拉应力。堆放场地应平整夯实，有排水措施。堆放时垫木要规整，水平方向要位于同一水平线上，竖向要位于同一垂直线上。堆放高度视构件强度、地面耐压力、垫木强度和堆垛稳定性而定。禁止在构件上部放置其他荷载及人员踩踏。

(5)根据实际生产情况制定各类型构件养护方式，并设置专人进行养护。拆模吊装前必须委托试验室做试块抗压报告，在接到试验室强度报告合格单后再对构件实施脱模作业，从而保证构件的质量。要保证预制构件在规定时间内达到脱模要求值，要求劳务班组优化支模、绑扎等工序作业时间，加强落实蒸养制度，加强对劳务班组(蒸养人员)的管理等。

(6)构件生产过程严格按照图纸及变更施工，从而保证钢筋保护层厚度符合要求。在进行钢筋制作时，需要严格控制钢筋间距和保护层的厚度。如果钢筋保护层出现过厚的现象，需要对其采取防裂措施。同时，需要对管道预埋部位及洞口和边角部位采取一定的构造加强措施。

(7)减少构件制作跨度，尤其是叠合板构件。叠合板构件在吊装过程中经常会因为跨度过大而断裂。为了解决这一问题，可以事先与设计单位沟通，建议设计单位在进行构件设计时充分考虑这一问题，尽量将叠合板构件的跨度控制在板的挠度范围内，以减少现场吊装过程中叠合板构件的损坏。

9. 色差

色差是指混凝土在施工及养护过程中存在不足，造成构件表面色差过大，影响构件外观质量(图4.51)。尤其是清水构件直接采用混凝土的自然色作为饰面，因而，混凝土表面质量直接影响构件的整体外观质量。所以，混凝土表面应平整、色泽均匀，无碰损和污染现象。

图 4.51 色差

色差产生的原因如下：

(1)原材料变化及配料偏差。

(2)搅拌时间不足，水泥与砂石料拌和不均匀造成色差。

(3)混凝土在施工中，由于使用工具的不当，如振动棒接触模板振捣，将会在混凝土构件表面形成振动棒印，从而影响构件外观效果。

(4)由于混凝土的过振造成混凝土离析出现水线状，形成类似裂缝状影响外观，同时经常引起不必要的麻烦与怀疑。

(5)混凝土的不均匀性或由于浇筑过程中出现较长的时间间断，造成混凝土接槎位置形成青白颜色的色差及不均匀。

(6)由于施工中振动过度，造成混凝土离析或形成花斑状(石子外露点)，大面积的状态，不仅会使混凝土外观质量变差而且强度也会降低很多。

(7)模板的表面不光洁，未将模板清理干净。

(8)模板漏浆。在混凝土浇筑过程中，透过不贴密的部位出现漏浆、漏水。由于水泥的流失和随着混凝土养护的进行水分的蒸发，在不贴密部位形成了麻面、翻砂。

(9)脱模剂涂刷不均匀。

(10)养护不稳定。混凝土浇筑完成后进入养护阶段，由于养护时各部分湿度或温度等的差异太大，造成混凝土凝固不同步而产生接槎色差。

(11)局部缺陷修复。

预控措施如下：

(1)模板控制。对钢模板内表面进行刨光处理，保证钢模板内表面的清洁。模板接缝处理须严密(贴密封条等措施)，防止漏浆。模板脱模剂应涂刷均匀，以防止模板粘皮和脱模剂不均色差。

(2)严格控制混凝土配合比，经常检查，做到计量准确，保证拌和时间，混凝土拌和均匀，坍落度适宜。检查砂率是否满足要求。

(3)严格控制混凝土的坍落度，保持浇筑过程中坍落度一致。

(4)原材料的控制。对首批进场的原材料经取样复试合格后，应立即进行"封样"，以后进场的每批材料均与"封样"进行对比，发现存在明显色差的不得使用。清水混凝土在生产过程中，一定要严格按照试验确定的配合比投料，不得带有任何随意性，并严格控制水胶比和搅拌时间，随气候变化随时抽验砂子、碎石的含水率，并及时调整用水量。

(5)施工工艺控制。

1)浇筑过程应连续，因特殊原因需要暂停的，停滞时间不得超过混凝土的初凝时间。

2)控制下料的高度和厚度，一次下料不能超过 30 cm，严防因下料太厚导致振捣不充分。

3)严格控制振捣时间和质量，振捣距离不能超过振捣半径的 1.5 倍，防止漏振和过振。振捣棒插入下一层混凝土的深度，应保证深度为 5~10 cm，振捣时间以混凝土翻浆不再下沉和表面无气泡泛起为止。

4)严格控制混凝土的入模温度和模板温度，防止因温度过高导致贴模的混凝土提前凝固。

5)严格控制混合料的搅拌时间。

(6)养护控制(蒸汽养护)。

1)构件浇筑成型后覆盖进行蒸汽养护，蒸汽养护的步骤为：静停→升温→恒温→降温≈1~2 h+2 h+4 h+2 h，根据天气状况可适当调整。

① 静停 1~2 h(根据实际天气温度及坍落度可适当调整)。

②升温速度控制在 15 ℃/h。

③恒温最高温度控制在 60 ℃。

④降温速度为 15 ℃，当构件的温度与大气温度相差不大于 20 ℃时，撤除覆盖。

2)测温人员填写测温记录，并认真做好交接记录。

(7)混凝土表面缺陷修补控制措施。在拆模过程中，由于混凝土本身含气量过大或振捣不够，其表面局部会产生一些小的气孔等缺陷，构件在拆模过程中也可能会碰撞掉角等。因此，拆模后应立即对表面进行修复，并保证修复用的混凝土与构件强度一致，所用的原材料和养护条件相同。

10. 飞边

飞边是指构件拆模后由漏砂或多余砂浆形成的毛边、飞刺等(图 4.52)。

图 4.52 飞边

飞边产生的原因如下：

(1)模具严重变形，拼缝不严，在振捣时砂浆外流形成飞边。

(2)成型时板面超高，拆模后，板面上多余的混凝土或灰浆形成飞边、毛刺。

(3)侧模下面的底模上的灰渣等杂物未清理干净，振捣时漏浆造成飞边。

预控措施如下：

(1)模板制作时应合理选材，严格控制各部分尺寸，尽可能减少缝隙。

(2)模具使用一定周期内，须进行复检，对不合格模具及时进行修补，修复合格后方可使用。

(3)成型时，要及时铲除多余的混凝土，避免构件超高。

(4)注意清理侧模下面，将底模上的灰渣等杂物清理干净。

11. 水纹

水纹是指构件拆模后其表面局部有水纹状痕迹，类似波浪(图4.53)。

 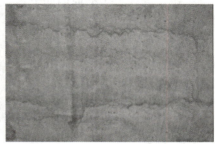

图 4.53 水纹

水纹产生的原因如下：

(1)水泥性能较差，混凝土保水性就会变差，泌水率增大。

(2)在施工过程中未及时清除泌水。

预控措施如下：

(1)优先选用保水性好的水泥，并保证拌和时间。

(2)在连续浇筑的施工过程中，表层混凝土若有明显泌水，则应及时清除，须采取铲掉更换新料的办法处理。

12. 砂斑、砂线、起皮

砂斑、砂线、起皮是指混凝土表面出现条状起砂的细线或斑块，有的地方起皮，在皮掉了之后形成砂毛面(图4.54)。

砂斑、砂线、起皮产生的原因如下：

(1)直接原因是混凝土和易性不好，泌水严重。深层次的原因是骨料级配不好、砂率偏低、外加剂保水性差、混凝土过振等。

图 4.54 砂斑、砂线、起皮

(2)表面起皮的一个重要原因是混凝土二次抹面不到位,没有把泌水形成的浮浆压到结构层里。同时,也可能是蒸汽养护升温速度太快,引起表面起皮。

预控措施如下:

(1)选用普通硅酸盐水泥。

(2)通过配合比确定外加剂的适宜掺量。调整砂率和掺合料比例,增强混凝土的黏聚性。采用连续级配和二区中砂。

(3)严格控制粗骨料中的含泥量、泥块含量、石粉含量、针片状含量。

(4)通过试验确定合理的振捣工艺(振捣方式、振捣时间)。对表面起皮的构件应当加强二次抹面质量控制,同时严格控制构件养护制度。

13. 预制构件强度不足问题

预制构件强度不足问题是指同批混凝土试块的抗压强度按《混凝土强度检验评定标准》(GB/T 50107—2010)的规定,评定不合格。

预制构件强度不足问题产生的原因如下:

(1)原材料质量差。

1)水泥质量不良。主要反映在两个方面:一是水泥实际活性(强度)低,主要原因是水泥出厂质量差、保管条件差或存储时间过长,导致水泥结块,活性降低;二是水泥安定性不合格,导致混凝土强度不够。

2)骨料(砂、石)质量不合格,石子本身强度不够,砂子含泥量超标。

3)拌和水质量不合格。

4)外加剂质量差。

(2)配合比不合适。混凝土配合比是决定强度的重要因素之一。其中,水胶比的大小直接影响混凝土强度。在施工过程中材料计量不准确,外加剂使用方法错误或质量差也会影响混凝土强度。

(3)施工工艺存在问题。

1)混凝土拌制时间短且不均匀,将会影响混凝土的强度。

2)运输条件和运输设备差,运输距离较远,在运输中使混凝土产生离析。

3)浇筑方法不当,成型振捣不密实。

4)养护条件不良,湿度不够,早期缺水干燥或早期受冻,造成混凝土强度偏低。

5)试件制作不规范。试件强度试验方法不规范。

(4)混凝土养护时间短,措施不到位,缺乏过程混凝土强度监控措施。预制构件出模强度偏低,后期养护措施又不到位。

预控措施如下:

(1)加强试验检查,确保原材料质量,严格控制不合格材料进场。

(2)水泥进场必须有出厂合格证,未经检验或检验不合格的严禁使用,加强对水泥储存和使用的管理。

(3)严格控制砂石级配及含泥量等指标,砂石料须经试验合格后方可使用。

(4)严格控制混凝土的配合比，保证计量准确。

(5)应按顺序拌制混凝土，合理拌制，保证搅拌时间和均匀性。

(6)如在生产过程中发现不合格混凝土时应禁止使用，由生产车间及时通知试验室调整混凝土质量。

(7)按规定认真制作试块，加强对试块的管理和养护。规范试验程序，严格按操作规程进行试件强度试验。

(8)浇筑完的构件，要严格按技术交底的要求蒸汽养护，做好养护记录，并对出模的构件进行洒水养护。加强落实并执行蒸汽养护制度，设置专职养护人员。

(9)冬期施工要采取冬期施工措施，防止混凝土早期受冻。

(10)构件脱模起吊时，必须在同条件养护的试件试压强度合格后方可起吊。对混凝土强度尚未达到设计值的预制构件，须做好混凝土出模后各阶段的养护工作。

14. 预制混凝土强度离散性大问题

预制混凝土强度离散性大问题是指同批混凝土试块的抗压强度相差较大。

预制混凝土强度离散性大问题产生的原因如下：

(1)水泥过期或受潮，活性降低。砂、石骨料级配或含水量不稳定，含泥量大，杂物多。外加剂质量不稳定，掺量不准确。

(2)混凝土配合比控制不严，计量不准，在施工过程中随意加水，导致水胶比增大。

(3)混凝土加料顺序颠倒，搅拌时间不够，拌和不均匀。

(4)冬期施工，拆模过早或早期受冻。

(5)混凝土试块制作未振捣密实，养护管理不善或养护条件不符合要求，在同条件养护时，早期脱水或受外力破坏。

预控措施如下：

(1)设计合理的混凝土配合比。

(2)正确按设计配合比施工。加强拌和、振捣与养护。

(3)混凝土原材料的质量必须符合标准规范及技术交底的规定，并应有齐全的出厂合格证及相关质量证明文件。每批原材料都要进场复验，对不合格的原材料，要及时做退场处理。

(4)混凝土试件应在混凝土浇筑地点随机抽取，如果是罐车配送的混凝土，在罐车1/3~2/3的位置取样。

(5)试块制作时，混凝土要搅拌均匀，按规范标准制作。

(6)对制作完成的试块要严格按技术交底的要求蒸汽养护，做好养护记录。

15. 预制构件钢筋工程质量通病

钢筋工程包括钢筋的下料、钢筋的制作、钢筋的焊接或连接、钢筋的存放、钢筋的绑扎、吊装、安装等。钢筋工程作为预制混凝土钢筋的一个重要工序，起抗拉、抗剪等抗应力应变的作用。一旦构件形成，就难以从外观上感知其质量情况和征兆，故其属于隐蔽工

程,并具有工作量大、施工面广的特点。预制构件钢筋工程质量通病如下:

(1)钢筋原材料问题。

1)钢筋进场时没有出厂合格证等材质证明或证料不符,批量不清。

2)钢筋进场后没有按规格、批量取样复试,或复试报告不全。

3)进厂钢筋原材不合格,试验人员在钢筋原料取样或检验时,不符合技术标准要求。

4)钢筋混放,不同规格或不同厂的钢筋混堆不清。

5)钢筋严重锈蚀或污染(图 4.55)。

图 4.55 现场部分钢筋严重锈蚀或污染

钢筋原材料问题产生的原因如下:

1)钢筋进入仓库或生产现场时,管理不当,制度不严,没有分规格、分批量进行堆放验收,核对材质证明。

2)钢筋进厂后没有及时按规定进行取样复试,或复试合格后的试验报告没有及时存档。

3)试验人员对进厂钢筋复试取样或检验时,未按照技术标准要求进行取样或检验,导致整批材质不合格或材质不均匀。

4)钢筋露天堆放,管理不当,受雨雪侵蚀或环境潮湿通风不良,存放期过长,使钢筋呈片状红褐色锈斑,有麻坑或受到油污等。

5)工厂中途停工,对裸露钢筋未加保护,产生老锈。

6)脱模剂或龙门式起重机等漏油,污染钢筋。混凝土浇筑时,水泥浆污染钢筋。

预控措施如下:

1)建立严格的管理制度,每批钢筋进场前必须审查钢材厂家提供的出厂合格证、出厂检验报告和进场复验报告。钢筋进入仓库或现场时,应由专人检查验收,检查送料单和出场材质证明,做到证随物到、证物相符,核验品种、等级、规格、数量、外观质量是否符合要求。

2)到厂钢筋应及时按规定分等级、规格、批量取样进行力学性能试验,将试验报告与材料证明及时归入技术档案存查。对复试取样或试验,必须按照技术要求进行操作。

3)钢筋堆放应在仓库或料棚内,保持地面干燥,钢筋不得直接堆置在地面上,必须用混凝土墩、垫木等垫起，离地 300 mm 以上。工地露天堆放时，应选择地势较高、地面干燥的场地，四周要有排水措施。按不同厂家、不同等级、不同规格和批号分别堆放整齐，每捆钢筋的标签在明显处，对每堆钢筋应建立标牌进行标识，表明其品种、等级、直径及受检状态。

4) 钢筋进厂后，应尽量缩短堆放期，先进场的先用，防止和减少钢筋的锈蚀。

5) 若钢筋出现红褐色锈斑、老锈等，则须经除锈后才能使用，严重锈蚀的钢筋如出现麻坑等，须经有关部门鉴定后方能使用。

6) 在生产过程中，应尽量避免脱模剂和各种油料污染钢筋，一旦发生污染，必须清擦干净。混凝土浇筑时，钢筋上污染的水泥浆应在浇筑完成后将水泥浆清刷干净。对工厂中途停工外露的钢筋应采取防锈措施予以保护。

(2) 钢筋加工问题。

1) 钢筋下料前未将锈蚀钢筋进行除锈，导致返工。

2) 钢筋下料后尺寸不准、不顺直、切口呈马蹄形等(图 4.56)。

3) 钢筋末端需做 90°、135°或 180°弯折时，弯曲直径不符合要求或弯钩平直段长度不符合要求。

4) 箍筋尺寸偏差大，变形严重，拐角不成 90°，两对角线长不等，弯钩长度不符合要求(图 4.57)。

钢筋加工问题产生的原因如下：

1) 操作人员及专检人员对交底不清或责任心不强。

2) 钢筋配料时没有认真熟悉设计图纸和施工规范，导致配料尺寸有误，下料时尺寸误差大，画线方法错误，下料不准。

3) 钢筋下料前对原材料没有调直，钢筋切断时，一次切断根数偏多或切断机刀片间隙过大，使端头歪斜不平(马蹄形)。

图 4.56 钢筋端头呈马蹄形

图 4.57 箍筋拐角不成 90°

4) 钢筋端头弯折的弯曲直径、弯钩平直段长度不符合要求。一是管理人员交底不清；二是操作人员对不同级别、不同直径钢筋的弯曲直径不了解或操作不认真；三是弯曲机上的弯心配件未进行及时更换或规格不配套、不齐全。

5)箍筋成型时工作台上画线尺寸误差大,没有严格控制弯曲角度,一次弯曲多个箍筋时没有逐根对齐,箍筋下料长度不够,致使弯钩平直部分长度不足。

预控措施如下:

1)钢筋加工前,技术人员应对操作班组进行详细的书面交底,提出质量要求。操作人员必须持证上岗,熟识机械性能和操作规程。

2)禁止使用表面生有老锈的钢筋。对表面生有老锈的钢筋在下料前先进行除锈,将钢筋表面的油渍、漆渍及浮皮、铁锈等清除干净,以免影响其与混凝土的粘结效果。在除锈过程中,若发现钢筋表面的氧化薄钢板鳞脱落严重并已损伤截面,或在除锈后钢筋表面有严重的麻坑、斑点伤蚀截面,则应通过试验的方法确定钢筋强度,确定降级使用或剔除不用。

3)加强钢筋配料管理工作,首先要熟悉设计图纸和规范要求,按钢筋的形状计算出钢筋的尺寸,根据本单位设备情况和传统操作经验,预先确定各种形状钢筋下料长度的调整值(如弯曲类型、弯曲处曲率半径、扳距、钢筋直径等)。配料时考虑周到,确定钢筋的实际下料长度。在大批成型弯曲前先行试成型,做出样板,待调整好下料长度后,再批量加工。

4)钢筋加工宜在常温状态下进行(冬期施工时温度不宜低于20 ℃),加工过程中不应加热钢筋。钢筋弯折应一次完成,不得反复弯折。

5)在钢筋下料前对原材料弯曲的应先予以调直,下料时控制好尺寸,对切断机的刀片间隙等调整好,一次切断根数适当,防止端头歪斜不平。在切断过程中,如发现钢筋有劈裂、缩头或严重弯头等问题时,必须切除。

6)箍筋的下料长度要确保弯钩平直长度的要求,如在北京市抗震地区,平直段长度不小于箍筋直径的10倍且不少于75 mm,而且弯钩成135°,其平直段相互平行,长短一致。成型时按图纸尺寸在工作台上准确画线,弯折时严格控制弯曲角度,达到90°,一次弯曲多个箍筋时,在弯折处必须逐个对齐,弯曲后钢筋不得有翘曲或不平现象,弯曲点处不得有裂纹。成型后进行检查核对,发现误差进行调整后再大批加工成型。拉钩要求同箍筋。

(3)钢筋丝头加工及连接套筒问题(图4.58)。

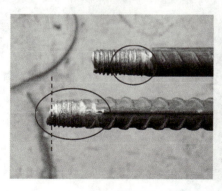 

图4.58 钢筋丝头加工及连接套筒问题

图 4.58 钢筋丝头加工及连接套筒问题(续)

1)丝头端面不垂直于钢筋轴线,倾斜面超 2°以上,并大量存在马蹄头或弯曲头。加工丝头的端面切口未进行飞边修磨。成型丝头未进行妥善保护,齿面存在泥沙污染。

其产生的原因如下:

①原材料未加工。

②加工机械不对。

③操作人员及平台问题。

预控措施如下:

①钢筋下料后,丝头加工前,务必对钢筋端面进行切头打磨。保证丝头端面完整、平顺并垂直于钢筋轴线。对端部不直的钢筋要预先调直。按规程要求,切口的端面应与轴线垂直,不得有马蹄形或挠曲,因此,刀片式切断机无法满足加工精度要求,通常只有采用砂轮切割机,按配料长度逐根进行切割。要求:飞边修磨干净,确保牙型饱满,与环规牙型完整吻合。

②加强人员培训,增强个人技能和质量意识。要求:验收合格的成型丝头在未进行连接前应盖上塑料套帽进行保护。放置时间过长时,再用毡布覆盖。

2)钢筋丝口存在断丝现象,丝头长度不够,丝头直径不合适。其产生的原因是:接头未打磨,未加保护帽。

预控措施如下:

①选择良好的设备和工艺是制作合格丝头的前提。

②操作工人必须经培训合格后持证上岗,且操作人员应相对固定。

③随时检验:使用通规和止规对丝头进行检验,抽检数量不小于 10%且不得少于 10 个。使用专用量规检查丝头长度,加工工人应逐个检查丝头的外观质量,对不合格的立即纠正,对合格的单独码放并进行标识。

3)套筒外露有效丝口过多。

其产生的原因如下:

①从材料方面来看。

a. 对套筒的保护措施不当,造成套筒或丝头锈蚀、油污。
b. 丝头粗糙、丝头端头不齐,使钢筋接头处存在空隙。
②从机械本身功能和质量上来看。
a. 在钢筋连接过程中没有使用专业的连接工具。
b. 滚丝机长度定位不准,造成丝头加工长度不一。
③从连接方法上来看。
a. 套筒连接方法不正确。
b. 操作人员没有经验,操作技能水平低。
④从人员来看。
a. 操作人员缺少经验。
b. 操作人员技术不够。
c. 作业班组质量意识淡薄,施工技术规范不熟悉。
d. 在钢筋丝头连接完成后没有进行自检,"三检"制度未彻底落实。

预控措施如下:
①应保证丝头在套筒中央位置相互顶紧。操作工人也必须经培训合格后持证上岗。
②做好检验。使用专用扭矩扳手对安装好的接头进行抽检,检查是否符合规定的力矩值。
③加工时没有打磨,丝头端头不齐整。解决方法:配备专人打磨,操作人员应有很强的责任心。
④剥肋刀头和滚丝头定位不准,螺纹损伤。解决方法:由专人对钢筋滚丝机定期和不定期进行检查定位,现场操作人员应细心请教,熟练掌握剥肋刀头和滚丝头定位的技术。
⑤钢筋滚丝机长度定位不准,丝头长度不统一。解决方法:将钢筋滚丝机长度定位器按照规定长度准确定位,使加工出来的丝头长度统一。
⑥套筒连接操作人员缺少经验。解决方法:找有经验的操作人员进行操作,或对无经验的人员进行培训,培训合格后,方可上岗操作。

(4)钢筋绑扎与钢筋成品吊装、安装问题(图4.59)。
1)钢筋骨架外形尺寸不准。
2)钢筋的间距、排距位置不准,偏差大,受力钢筋混凝土保护层不符合要求,有的偏大,有的紧贴模板。
3)钢筋绑扣松动或漏绑严重。
4)箍筋不垂直主筋、间距不匀、绑扎不牢、不贴主筋,箍筋接头位置未错开。
5)所使用钢筋规格或数量等不符合图纸要求。
6)钢筋的弯钩朝向不符合要求或未将边缘钢筋钩住。
7)钢筋骨架吊装时受力不均,倾斜严重,导致入模钢筋骨架变形严重。
8)悬挑构件绑扎主筋位置错误。

图 4.59　钢筋绑扎与钢筋成品吊装、安装问题

钢筋绑扎与钢筋成品吊装、安装问题产生的原因如下：

1）绑扎操作不严格，没有按图纸尺寸绑扎。

2）用于绑扎的钢丝太硬或粗细不适当，绑扣形式为同一方向，或在将钢筋骨架吊装至模板内的过程中骨架变形。

3）事先没有考虑好工序顺序，忽略了预埋件安装顺序，致使预埋铁件等预埋件无法安装，加之操作工人野蛮施工，导致发生骨架变形、间距不一等问题。

4）生产人员随意踩踏、敲击已绑扎成型的钢筋骨架，使绑扎点松弛，纵筋偏位。

5）操作人员交底不认真或操作人员素质低，操作时无责任心，造成操作错误。

预控措施如下：

1）钢筋绑扎前先认真熟悉图纸，检查配料表与图纸、设计是否有出入，仔细检查成品尺寸是否与下料表相符。核对无误后方可进行绑扎。

2）钢筋绑扎前，尤其是悬挑构件，技术人员应对操作人员进行专门的交底，对第一个构件做出样板，并进行样板交底。绑扎时严格按照设计要求安放主筋位置，确保上层负弯矩钢筋的位置和外露长度符合图纸要求，架好马凳，保持其高度，在浇筑混凝土时，采取措施，防止上层钢筋被踩踏，影响受力。

3）保护层垫块厚度应准确，垫块间距应适宜，否则将导致较薄构件板底面出现裂缝，楼梯底模（立式生产）露筋。

4）钢筋绑扎时，两根钢筋的相交点必须全部绑扎，并绑扎牢固，防止缺扣、松扣。双层钢筋、两层钢筋之间须加钢筋马凳，以确保上部钢筋的位置。绑扎时铁线应绑成八字形。钢筋弯钩方向不对的，将弯钩方向不对的钢筋拆掉，调准方向，重新绑牢。切忌不拆掉钢筋而硬将其拧转。

5）在生产中及时安装（制定相应的生产工序）构件上的预埋件、预留洞及 PVC 线管等，不得任意切断、移动、踩踏钢筋。有双层钢筋的，尽可能在上层钢筋绑扎前，将有关预埋件布置好，绑扎钢筋时禁止碰动预埋件、洞口模板及电线盒等。

6）钢筋骨架吊将入模时，应力求平稳，钢筋骨架用"扁担"起吊，吊点应根据骨架外形预先确定，骨架各钢筋交点要绑扎牢固，必要时焊接牢固。

7)加强对操作人员的管理工作,禁止野蛮施工。

(5)钢筋半成品和成品运输、码放问题(图4.60)。

1)钢筋半成品和成品随意选择地点堆放。

2)各工程、各种类型钢筋半成品、成品堆放混乱,无标志牌。

3)钢筋半成品、成品码放不齐、码放高度超高。

4)合格品与废料堆放在同一区域。

5)库区码放及运输过程中码放高度超高,野蛮装卸作业。

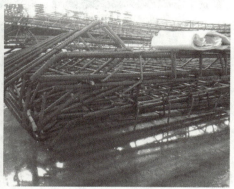

图4.60 钢筋半成品和成品运输、码放问题

其产生的原因如下:

1)技术人员未对操作人员进行交底或交底不全。

2)操作人员对交底要求不清楚或责任心较差。

预控措施如下:

1)技术人员要对操作人员进行专门的交底。加强对现场操作人员的管理工作,提高操作人员质量意识,加强工作责任心。

2)钢筋半成品、成品的码放场地必须平整、坚实,无积水,底部必须用混凝土墩、垫木等垫起,离地300 mm以上。工地露天堆放钢筋半成品、成品时,应选择地势较高、地面干燥的场地,四周要有排水措施,做好雨淋日晒防护措施。

3)各种类型钢筋半成品、成品应堆放整齐,挂好标志牌,注明使用工程、规格、型号、质量检验状态等。

4)转运时,对钢筋半成品、成品应小心装卸,合理安排码放高度,不应随意抛掷,避免钢筋变形。

5)成型钢筋、钢筋网片应按指定地点堆放,用垫木垫放整齐,合理控制码放高度,防止受压变形。

6)不准踩踏成型钢筋,应特别注意负筋部位。

7)成型钢筋若长期放置未使用,宜在室内堆放垫好,防止锈蚀。

8)必须将废料单独码放,严禁在钢筋加工区将废料随意摆放。

16. 预制构件几何尺寸偏差问题

预制构件几何尺寸偏差问题是指预制构件的高、宽、厚等几何尺寸与图纸设计不符，或是侧向弯曲、扭翘及内外表面平整偏差较大等，严重者影响结构性能或装配、使用功能（图4.61）。

 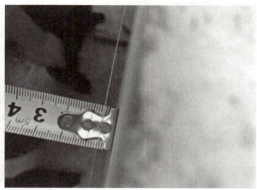

图4.61 预制构件几何尺寸偏差问题

预制构件几何尺寸偏差问题产生的原因如下：

(1)在模具制作过程中，几何尺寸控制较差，模具的承载力、刚度及稳定性较差，到厂模具未仔细验收或未验收直接投入使用。

(2)生产前模具台座未抄平或未固定牢固，生产过程中模具位移未修正。

(3)在浇筑过程中，由于混凝土流动性过大等导致模具跑位。

(4)模板由于强度和刚度不足，定位措施不可靠，在混凝土浇筑过程中移位。模板使用时间过长，出现了不可修复的变形。

(5)构件脱模后码放、运输不当，导致出现塑性变形。

预控措施如下：

(1)优化模板设计方案，确保模板构造合理，具有足够的刚度完成生产任务。

(2)施工前认真熟悉设计图纸，首次生产的构件要对照图纸进行测量，确保模具合格、构件尺寸正确。

(3)模板支撑机构必须具有足够的承载力、刚度和稳定性，确保模具在浇筑混凝土及养护的过程中，不变形、不失稳、不跑模。

(4)加强预制构件制作过程质量控制与验收。

(5)振捣工艺合理，模板不受振捣影响而变形。控制混凝土坍落度不要太大。在浇筑混凝土过程中，若发现松动、变形的情形，则应及时进行补救。做好二次抹面压光。

(6)做好码放、运输技术方案并严格执行。严格执行"三检"制度。

17. 预制构件预留孔洞问题

预制构件预留孔洞问题是指预制构件预留孔洞规格尺寸、数量不符合图纸要求，中心线位置偏移超差等。有的预留洞较大，开孔时构件内钢筋无法避开，未做相应的结构构造补强措施,影响构件质量(图4.62)。

图 4.62 预制构件预留孔洞问题

预制构件预留孔洞问题产生原因如下:

(1)模具制作时遗漏预留孔洞定位孔或定位孔中心线位置偏移超差。

(2)在构件生产过程中,生产人员及专检人员未按图施工,导致预留孔洞规格尺寸使用错误、数量缺失或中心线位置偏移超差。

(3)预留孔洞未固定牢固,混凝土振捣时发生位移或脱落。

(4)拆模时,操作工人野蛮施工,导致预留孔洞位置损坏严重。

预控措施如下:

(1)预制构件制作模具应满足构件预留孔洞的安装定位要求。

(2)混凝土浇筑前,生产人员及质检人员须共同对预留孔洞规格尺寸、位置、数量及安装质量进行仔细检查,验收合格后,方可进行下一道工序。若在检查验收时发现位置误差超出要求、数量不符合图纸要求等问题,则必须重新施作。

(3)预留孔洞安装时,应采取妥善、可靠的固定保护措施,确保其不移位、不变形,防止振捣时发生位移及脱落。如发现预埋孔洞模具在混凝土浇筑中位移,则应停止浇筑,查明原因,妥善处理,并注意一定要在混凝土凝结之前重新固定好预留孔洞。

(4)如果遇到预留孔洞与其他线管、钢筋或预埋件发生冲突,则要及时上报,严禁自行进行移位处理或其他改变设计的行为出现。同时,浇筑混凝土前,应对预留孔洞进行封闭或填充处理,避免出现被混凝土填充等现象。如浇筑时出现混凝土进入预留孔洞模板内,则应立即对其进行清理,以免影响结构物的使用。

(5)混凝土振捣时在预留孔洞附近应小心谨慎,振捣棒不能离预留孔洞模板太近,捣固应密实,以防止预留孔洞中心线移位或预留孔洞外边缘变形等而出现质量通病。

(6)拆模时,待该部位混凝土达到足够强度后进行,并采取轻拆轻放的方法,严禁使用撬棍硬撬,以免损坏预留孔及其周边的混凝土结构。构件脱模后,生产人员及专检人员要对预留孔洞位置、规格尺寸、数量等进行复查,确保误差在合理范围内。

18. 预制构件预埋件问题

预制构件预埋件问题是指预制构件中的构件中的线盒、线管、吊点、预埋铁件等预埋件中心线位置、埋设高度等问题超过规范允许偏差值。预埋件问题在构件生产中发生的批次较高，造成返工修补，影响生产进度，更严重影响工程后期施工使用（图4.63）。

图4.63 预制构件预埋件问题

预制构件预埋件存在的问题如下：
(1) 线盒、预埋件、吊母、吊环、防腐木砖等中心线位置超过规范允许偏差值。
(2) 外购或自制预埋件质量不符合图纸及规范要求。
(3) 预埋件规格使用错误，安装数量不符合图纸要求。
(4) 预埋件未做镀锌处理或未涂刷防锈漆。
(5) 墙板灌浆套筒规格使用错误，导致构件重新生产。
(6) 预埋件埋设高度超差严重，影响工程后期安装使用，尤其在成品检查验收中多数出现预埋线盒上浮、内陷的问题。
(7) 墙板未预留斜支撑固定吊母，导致安装时直接在预制墙板上打孔用膨胀螺栓固定。
(8) 在浇筑、振捣过程中，对套筒、注浆管或预埋线盒、线管造成堵塞、脱落问题。

以上问题轻则影响外观和构件安装,重则影响结构受力。

预制构件预埋件问题产生的原因如下:

(1)外购预埋件或自制预埋件未经验收合格,直接使用。

(2)模具制作时遗漏预埋件定位孔、定位孔中心线位置偏移超差或预埋件定位模具高度超差。定位工装使用一定次数后出现变形,导致线盒内陷(上浮)等质量通病。

(3)构件生产过程中生产人员及专检人员未对照设计图纸检查,导致预埋件规格使用错误、数量缺失、埋设高度超差或中心线位置偏移超差等问题发生。

(4)操作工人生产时不够细致,预埋件没有固定好。

(5)混凝土浇筑过程中预埋件被振捣棒碰撞。

(6)抹面时没有认真采取纠正措施。

预控措施如下:

(1)预埋件应按设计材质、大小、形状制作,外购预埋件或自制预埋件必须经专检人员验收合格后,方可使用。

(2)预制构件制作模具应满足构件预埋件的安装定位要求,其精度应满足技术规范要求。

(3)混凝土浇筑前,生产人员及质检人员共同对预埋件规格、位置、数量及安装质量进行仔细检查,经验收合格后,方可浇筑。检查验收发现位置误差超出要求、数量不符合图纸要求等问题,必须重新施作。

(4)预埋件安装时,应采取可靠的固定保护措施及封堵措施,确保其不移位、不变形,防止振捣时堵塞及脱落。易移位或混凝土浇筑过程中有移位趋势的,必须重新加固。如发现预埋件在混凝土浇筑中移位,则应停止浇筑、查明原因、妥善处理,并应注意必须在混凝土凝结之前重新固定好预埋件。

(5)如果遇到预留件与其他线管、钢筋或预埋件等发生冲突时,则须及时上报,严禁自行进行移位处理或其他改变设计的行为出现。

(6)解决抹灰面线盒内陷(上浮)质量问题除保证工装应固定牢固,保持平面尺寸外,还须定期校正工装变形,及时调整,更为关键的是要在抹面时进行人工检查和调整。而解决模板面线盒内陷(上浮)质量问题最好的控制办法是在底模上打孔固定,且振捣时避免直接振捣该部位造成上浮、扭偏。

(7)加强过程检验,切实落实"三检"制度。在浇筑混凝土过程中避免振动棒直接碰触钢筋、模板、预埋件等。在浇筑混凝土完成后,应认真检查每个预埋件的位置,及时发现问题,进行纠正。

19. 预制构件预留钢筋问题

预制构件预留钢筋问题是指预制构件的预留钢筋偏位、长短不一、缺筋、钢筋规格使用错误等问题,特别是墙板钢筋套筒灌浆连接,因预留钢筋与灌浆套筒定位不准确,导致安装困难(图4.64)。

图 4.64 预制构件预留钢筋问题

预制构件预留钢筋问题产生的原因如下：

(1)预制构件模具预留出筋孔(槽)、套筒等安装定位不准确。

(2)钢筋下料长度超差。

(3)钢筋骨架绑扎所使用的钢筋数量、规格等不符合图纸要求。

(4)钢筋骨架绑扎间距问题，导致预留钢筋偏位。

(5)钢筋半成品、成品骨架在运输、吊装、安装过程中未采取有效的防护支撑措施引起变形等问题，导致预留钢筋位置不准确。

(6)钢筋骨架入模前，未将存在问题的钢筋骨架进行修正。入模后，预留钢筋调整的位置无法满足图纸要求或无法调整。

(7)生产人员及专检人员未仔细按照设计图纸验收钢筋工程或未验收钢筋工程，直接进行下一道工序。

(8)过度振捣，导致将预留面钢筋振跑。

预控措施如下：

(1)预制构件模具应满足预留钢筋、套筒等安装定位要求，其精度符合技术规范要求。

(2)钢筋加工制作时，要将钢筋加工表与设计图复核，检查下料表是否存在错误和遗漏，对每种钢筋均要按下料表检查是否达到要求，经过这两道检查后，再按下料表放出实样，经试制合格后方可成批制作，加工好的钢筋要挂牌堆放、整齐有序。

(3)预留钢筋绑扎要采取加固措施保证预留钢筋在浇筑混凝土时不移位、不变形。

(4)加强预制构件生产过程预留钢筋、灌浆套筒等尺寸和定位控制，提高精度，强化验收。要针对关键工序制订相应的预控措施。

(5)浇筑混凝土时，对预留钢筋要认真保护，在有预留面钢筋的地方不要过度振捣，避免将预留面钢筋振跑。

(6)在运输、存放、安装过程中应加强对成品的保护。

20. 预制构件钢筋保护层问题

预制构件钢筋保护层问题是指构件钢筋的保护层偏差大(过小或过大)，从外观可能看不出来,但通过仪器(钢保仪)可以检测出,这种缺陷会影响构件的耐久性或结构性能(图4.65)。

图4.65 预制构件钢筋保护层问题

预制构件钢筋保护层问题产生的原因如下:

(1)垫块厚度不符合图纸要求,位置布置较少或选择的垫块偏软。

(2)疏于管理,浇筑前没有严格检查保护层垫块稳定情况,质量检验不到位。

(3)在生产过程中(如浇筑过程中)外力对安装钢筋踩踏、碰撞导致安装钢筋移位或保护层垫块脱落、保护层垫块偏移。

(4)钢筋骨架制作、安装不规范,局部钢筋外凸。

(5)技术交底不到位。

预控措施如下:

(1)按照设计保护层大小使用相应的垫块,垫块间距不得超过1.2 m。浇筑前,严格检查垫块数量和稳定情况,确保垫块保护层厚度符合图纸要求。

(2)钢筋安装就位后严禁生产人员直接在上面走动,在浇筑过程中应均匀布料,严禁集中倾倒砸压钢筋引起安装钢筋移位。

(3)钢筋制作、安装规范,几何尺寸与设计图纸相符,加强钢筋的半成品、成品保护。双层钢筋之间应有足够多的防塌陷支架。加强质量检验。

(4)在混凝土浇筑前和浇筑中派专人进行巡视,防止施工不当造成混凝土保护层厚度不足或出现露筋现象。

(5)加强落实三级交底制度(公司级、车间级、班组级),并严格执行。

21. 预制构件面层平整不合格问题

预制构件面层平整不合格问题是指混凝土表面凹凸不平,拼缝处有错台等(图4.66)。

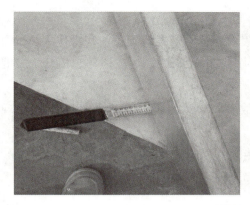
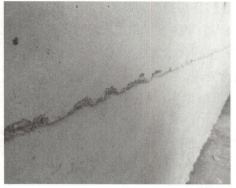

图 4.66 预制构件面层平整不合格问题

预制构件面层平整不合格问题产生的原因如下：

(1)模板表面不平整，存在明显凹凸现象，模板拼缝位置有错台，模板加固不牢固，在混凝土浇筑过程中支撑松动胀模造成表面不平整。

(2)混凝土浇筑后，未找平压光，造成表面粗糙不平。

(3)收面操作人员技能偏低。

预控措施如下：

(1)选用表面平整度较好模板，利用 2 m 平整度尺，对模板进行检查，平整度超过 3 mm(以地标及工程要求为准)的，通过校正达到要求后方可使用。

(2)模具拼装合缝严密、平顺，不漏水、漏浆。

(3)模板支立完成后，将模板缝间的密封条外露部分用小刀割平。

(4)模板支撑要牢固，适当放慢浇筑速度，减小振动对模板的冲击。

(5)应选择经验丰富的操作人员进行收面操作，人数视生产量而定，避免出现生产量大、人员少的现象。

22. 预制构件粗糙面问题

预制构件粗糙面问题是指混凝土预制构件粗糙面的粗糙程度或粗糙面积不符合图纸要求(图 4.67)。

图 4.67 预制构件粗糙面问题

预制构件粗糙面问题产生的原因如下：

(1)人为原因：操作工人对粗糙面的粗糙度及粗糙面位置认识不清；操作人员的责任心不够强；采用化学方法形成时，需做粗糙面的面层未涂刷缓凝剂或构件脱模后未及时对粗糙面进行处理。

(2)机械原因：机械未调试合适或机械故障，导致粗糙面拉毛深度不足或出现白板现象。

(3)技术原因：技术交底未明确粗糙面的粗糙度或未交底等。

(4)缓凝剂自身原因：缓凝剂质量较差，无法满足粗糙面要求。

预控措施如下：

(1)加强落实"三级交底"制度(公司级、车间级、班组级)，并严格执行交底内容。技术交底内容应具有指导性、针对性、可行性。

(2)无论是采用机械、化学还是人工进行粗糙面处理，在构件批量生产前，都应先制作样板，待粗糙面效果达到要求后方可批量生产。

(3)缓凝剂应选择市场口碑好、质量效果好的产品。进厂后小批量按照要求进行操作，若质量效果较差，及时退厂，禁止使用。

23. 预制构件保温连接件连接问题

保温连接件主要涉及预制夹心保温墙板及PCF板使用。预制夹心保温墙板(俗称"三明治"结构)，即饰面层＋保温层＋结构层，通过连接件(材质为高强玻璃纤维)将饰面层、保温层、结构层拉结成一个整体，在生产时一次成型。PCF板为饰面层＋保温层，通过连接件将饰面层、保温层拉结成一个整体，构件运送施工现场后，进行结构层浇筑，通过连接件将结构层拉结成一个整体墙板。在构件成型过程中，若连接件的定位位置、数量、施工方法等不符合图纸、技术要求，可能会影响到结构安全，甚至导致构件报废(图4.68)。

图4.68 预制构件保温连接件连接问题

预制构件保温连接件连接问题产生的原因如下：

(1)技术交底内容不全面或未交底。

(2)操作人员对交底内容不清楚，未按照交底内容操作或责任心不强。

(3)操作人员及专检人员未按图纸施工，造成连接件定位位置或数量不符合图纸要求。

(4)饰面层混凝土坍落度较小,导致连接件与混凝土连接效果较差。

(5)安装结构层模具或钢筋骨架时,造成连接件扰动,没有及时修复。

(6)安装结构层模具或钢筋骨架时间较长,饰面层混凝土初凝,在安装过程中又造成连接件扰动,轻则将导致连接件与混凝土连接效果较差,重则导致构件报废。

预控措施如下:

(1)技术交底内容应全面,指导性、可操作性强,加强落实"三级交底"制度,并严格执行。

(2)构件生产前,对该道工序的带班人员或操作人员进行现场指导,必须弄清图纸及操作方法。该工序操作应固定好专职人员,若人员更换时,应通知专检人员或工长,重新进行交底。在连接件安装过程中若与埋件位置碰撞,应及时通知专检人员,禁止私自更改位置。

(3)制定饰面层及结构层混凝土坍落度方案,并在生产过程中严格执行。禁止使用不合格的混凝土。

(4)制定该工序生产工艺,制定相应的控制措施。例如,浇筑过程应保持连续性,严格控制生产时间,安装完成保温聚苯板1 h内结构层必须浇筑完成;提前在聚苯板上制定符合连接件大小、安装位置的安装孔,安装孔必须为穿孔,禁止打一半留一半等。

24. 预制构件预埋套筒连接错位问题

预制构件预埋套筒连接错位问题是指预制构件预埋套筒连接时,钢筋与预埋套筒位置产生错位偏移问题。这种偏移分为两种:一种是部分偏移,这种情况下钢筋勉强可以插进套筒内;另一种是完全偏移,只能重新加工构件。

预制构件预埋套筒连接错位问题产生的原因如下:

(1)模具问题:预埋套筒定位孔位置无法满足图纸设计要求。

(2)人为原因:预埋套筒未固定牢固,浇筑振捣时导致套筒偏移。

预控措施如下:

(1)制作模具时,应要求模具加工厂(班组)制作的预埋套筒定位孔精度满足技术规范要求。

(2)安装时,应采取可靠的固定保护措施,确保振捣时位移及脱落。在浇筑混凝土过程中,避免振动棒直接碰触,如发现预埋套筒在混凝土浇筑中发生位移,则应停止浇筑,查明原因,妥善处理,并应注意一定要在混凝土凝结之前重新固定好预埋件。

(3)若遇到预埋套筒与预埋洞等发生冲突的情况,则要及时上报,严禁自行进行移位处理或其他改变设计的行为出现。

(4)加强过程检验,切实落实"三检"制度。

25. 预制构件等电位端子箱连接扁钢(圆钢)焊接连接问题

预制构件等电位端子箱连接扁钢(圆钢)焊接连接问题(图4.69)是指等电位端子箱连接扁钢(圆钢)焊接连接不规范:焊接长度不符合要求、扁钢伸入等电位盒端过长、焊接使用的扁钢未镀锌等。

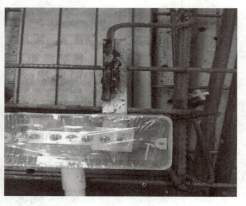

图 4.69 预制构件等电位端子箱连接扁钢(圆钢)焊接连接问题

预制构件等电位端子箱连接扁钢(圆钢)焊接连接问题产生的原因如下：
(1)焊接操作工人的焊接技术水平低或无证上岗。
(2)焊接操作工人对焊接要求不清楚。
(3)专检人员未按要求验收或验收时不细致。

预控措施如下：
(1)生产前，对焊接带班人员或操作人员进行交底，并固定好操作人员，操作人员更换时，应重新交底。
(2)焊接工人应持有上岗证；批量生产前应进行试件焊接。在焊接达到要求时，方可进行生产。
(3)专检人员加强过程验收，验收不合格的，禁止进行下一道工序。

26. 预制构件标识问题

预制构件标识问题是指混凝土预制构件无标识或标识不全等问题(图4.70)。

图 4.70 预制构件标识问题

预制构件标识问题产生的原因：操作人员的责任心不强、意识差。
预控措施如下：
(1)预制构件脱模起吊后，及时对构件进行检验，并使用喷码设备在构件上标记标识，标识应清楚、位置统一。经检验合格后,进入成品库区。不合格品进入待修区。

(2)构件标识应包括生产厂家、工程名称、构件型号、生产日期、装配方向、吊装位置、合格状态、监理等。

27. 预制清水混凝土预制构件表面污染问题

预制清水混凝土预制构件表面污染问题是指预制清水混凝土预制构件表面被油污、人为踩踏等污染。

预制清水混凝土预制构件表面污染问题产生的原因如下:

(1)采用绑扎形式时,绑丝头容易接触模板,脱模后形成锈点,引起构件表面局部变色。

(2)外露预埋件或连接件未采取有效防锈处理。

(3)天车漏油、人为踩踏等原因。

(4)在运输环节中,固定绳索直接接触构件面层等。

预控措施如下:

(1)清水构件宜采用钢筋点焊网片。

(2)清水混凝土预制构件成品应建立严格有效的保护制度,明确保护内容和职责,制定专项防护措施方案,全程进行防尘、防油、防污染、防破损。对于有外露易锈蚀部分的预埋件或连接件要特别加强保护。

(3)清水混凝土预制构件的养护水及覆盖物应洁净,不得污染构件表面;运输过程中必须采取适当的防护措施,防止损坏或污染其表面。

28. 预制构件码放问题

预制构件码放问题是指混凝土预制构件在库区或运输过程中,码放不符合要求,造成预制构件及其装饰面损坏(图4.71)。

图4.71 预制构件码放问题

预制构件码放问题产生的原因如下:

(1)库区场地条件无法满足码放要求;运输车辆的选择或车辆底板无法满足码放要求。

(2)构件堆放混乱,多次倒运。

(3)构件码放垫点位置、数量等不符合设计要求。

(4)在库区或运输过程中于构件上部放置其他荷载。

(5)人为原因：库区管理员责任心不强、质量意识差等。

预控措施如下：

(1)制定预制构件成品专项技术交底及管理规定，并加强落实执行，提升成品库管等人员质量意识等。

(2)预制构件的存放场地一般应当选在混凝土地面上，保证平整度和承载力的要求，避免由于地面不平整出现损坏构件的现象。应保持排水通畅，有较好的排水设施，同时有车辆进出的回路。

(3)库区应提前规划合理，依据方便作业，提高库区利用率和作业效率，提高构件保管质量，专业化、规范化、效率化的原则对库区的使用进行分区规划。避免出厂时来回倒运构件、反复翻找构件。

(4)垫点应随构件吊点位置、数量进行放置，方木方向顺着桁架筋方向放置，水平方向垫木应在同一水平线上，竖向方向垫木应在一条垂直线上。

(5)预制构件运输、存放时，在相邻构件之间及与刚性搁支点之间应设置柔性垫片，且垫片表面应覆盖塑料薄膜防止污染构件；运输车辆的选择应满足构件种类要求，车辆板底应平整，底模方木应有足够的承载力等。

任务 4.9　预制装配式住宅安全施工与环境保护

学习情境描述

学校举行基于真实岗位的体验活动，要求学生扮演安全员，收集关于安全施工与环境保护的相关资料，了解安全施工与环境保护的解决方案。

学习目标

知识目标：通过对预制装配式住宅安全施工与环境保护过程进行分析与阐述，掌握安全施工与环境保护要点和重要性。

能力目标：能运用安全施工与环境保护的知识，并能掌握在安全施工与环境保护过程中解决问题的方法。

素质目标：通过讲解预制装配式住宅安全施工与环境保护知识，培养学生知法、守法意识，提高学生道德素质和法治素养，增强学生的社会责任感。

任务书

具体要求：
1. 通过多重手段收集安全施工与环境保护过程中的相关资料。
2. 综合分析所收集资料，对提出的问题和解决方案归类总结。
3. 制作 PPT，由组长对本组总结情况进行简述。

任务分组

全班分组完成任务，每组最多五人，一人为组长，得分高者获胜。

工作准备

1. 组长对组员进行任务分工。
2. 收集对预制装配式住宅安全施工与环境保护要求的相关规范资料。

工作实施

引导性问题 1：
作为安全员，应怎么样理解安全技术要求？请举例说明。

_____
_____
_____

引导性问题 2：
在施工现场，安全防护与措施体现在哪些方面？

_____
_____
_____

引导性问题 3：
PC 结构的安全施工管理的要点有哪些？

_____
_____
_____

引导性问题4：

如何实现文明施工与环境保护？

_____

_____

_____

_____

评价反馈

本任务采用学生与教师综合评价的形式，通过资料收集，理解安全技术要求，了解PC结构安全施工管理的主要内容及安全文明施工与环境的保护措施，检查学习内容是否存在缺项、漏项。

综合评价表

班级：_____ 第_____组 组长签字_____

学习任务		任务4.9　预制装配式住宅安全施工与环境保护			
评价项目		评价标准	分值	学生评价(40%)	教师评价(60%)
工作过程（60%）	施工现场安全防护	了解施工现场安全防护措施	10		
	PC结构安全施工管理	掌握PC结构的安全施工管理的要点	10		
	文明施工与环境保护	了解文明施工与环境保护的具体要求	10		
	工作态度	态度端正，工作认真、主动	5		
	工作质量	能按计划完成工作任务	5		
	协调能力	与小组成员能合作协调工作	5		
	职业素质	能做到安全生产，文明施工，保护环境，爱护公共设施	5		
	创新意识	明确目标和价值指向	5		
	爱国主义精神	具有责任感、民族自豪感及民族自信心	5		
项目成果（40%）	工作完整	能按时完成任务	5		
	工作规范	正确认识安全文明施工的定义，完成实践任务	15		
	成果展示	能准确表达、汇报工作成果	20		
合计			100		

> 学习情境的相关知识点

4.9.1 安全技术要求

(1)预制装配式混凝土结构施工过程中,应按照《建筑施工安全检查标准》(JGJ 59—2011)、《建设工程施工现场环境与卫生标准》(JGJ 146—2013)等安全、职业健康和环境保护有关规定执行。施工现场临时用电安全应符合《施工现场临时用电安全技术规范》(JGJ 46—2005)和用电专项方案的规定。

(2)预制装配式混凝土结构施工和管理人员,进入现场必须遵守安全生产六大纪律。部分现场施工的 PC 结构在绑扎柱、墙钢筋时,应采用专用高凳作业,当高于围挡时,必须佩戴穿芯自锁保险带。吊运 PC 构件时,起重机下方禁止站人,必须待吊物降落离地 1 m 以内方准靠近,就位固定后方可摘钩。

(3)高空作业吊装时,严禁攀爬柱、墙钢筋等,也不得在构件墙顶行走。PC 外墙板吊装就位后,脱钩人员应使用专用梯子在楼内操作。

(4)PC 外墙板吊装时,操作人员应站在楼层内,佩戴穿芯自锁保险带并与楼面内预埋件(点)扣牢。当构件吊至操作层时,操作人员应在楼内使用专用钩子将构件系扣的缆风绳钩至楼层内,然后将外墙板拉到就位位置。

(5)PC 构件吊装应单件(块)逐块安装,起吊钢丝绳长短一致,两端严禁一高一低。遇到雨、雪、雾或风力大于 6 级的天气时,不得吊装 PC 构件。

4.9.2 安全防护与措施

安全防护采用围挡式安全隔离时,楼层围挡高度应大于 1.8 m,阳台围挡高于 1.1 m。围挡应与结构层有可靠连接,满足安全防护措施。围挡设置应采取吊装一块外墙板,拆除一块(榀)围挡的方法,按吊装顺序逐块(榀)进行。在 PC 外墙板就位后,应及时安装上一层围挡。

安全防护采用操作架时,操作架应与结构有可靠的连接体系,操作架受力应满足计算要求。操作架要逐次安装与提升,禁止交叉作业,每个单元不得随意中断提升,严禁操作架在不安全状态下过夜。操作架安装、吊升时,如有障碍,应及时查清,并在排除障碍后方可继续。

操作人员在楼层内进行操作,在吊升过程中,非操作人员严禁在操作架上走动与施工。当一榀操作架吊升后,另一榀操作架端部出现临时洞口,此处不得站人或施工。

PC 构件、操作架、围挡在吊升阶段,在吊装区域下方用红白三角旗设置安全区域,配置相应警示标志,安排专人监护,不得随意进入该区域。

4.9.3 安全施工管理

(1)项目安全管理应严格按照有关法律、法规和标准的安全生产条件,组织 PC 结构施工。

(2)PC 结构项目管理部应建立安全管理体系,配备专职安全人员。建立健全项目安全生产责任制,组织制定项目现场安全生产规章制度和操作规程,组织制定 PC 结构生产安全事故应急预案。

(3)项目部应对作业人员进行安全生产教育和交底,保证作业人员具备必要的安全生产知识,熟悉有关的安全生产规章制度和安全操作规程,掌握本岗位的安全操作技能。做好 PC 结构安全针对性交底,完善安全教育机制,做到有交底、有落实、有监控。

(4)在 PC 结构吊装、施工过程中,项目部相关人员应加强动态的过程安全管理,及时发现和纠正安全违章与安全隐患。督促、检查 PC 结构施工现场安全生产,保证安全生产投入的有效实施,及时消除生产安全事故隐患。

(5)用于 PC 结构的机械设备、施工机具及配件,必须具有生产(制造)许可证、产品合格证。在现场使用前,进行查验和检测,合格后方可投入使用。机械设备、施工机具及配件必须由专人管理,定期进行检查、维修和保养,建立相应的资料档案。

(6)安装工必须是体检合格人员,年龄应为 30~45 岁,经专业培训,持证上岗。吊装及装配现场设置专职安全监控员,专职安全监控员应经专项培训,熟悉 PC 施工(装配)工况。起重工除持起重证外,还应经专业培训,熟悉工况,并经考试合格后方可上岗。

4.9.4 文明施工与环境保护

(1)在 PC 构件运输过程中,应保持车辆整洁,以防止污染道路,减少道路扬尘。构件运输中洒落于道路的渣粒、散落物、轮胎带泥等,经车辆碾压后形成粒径较小的颗粒物进入空气,形成扬尘,要加以防止。

(2)在施工现场应加强对废水、污水的管理,现场应设置污水池和排水沟。对废水、废弃涂料、胶料应统一处理,严禁未经处理而直接排入下水管道。施工现场的废水、污水不经处理排放,会导致水质和沉积物的物理、化学性质或生物群落发生变化,影响正常生产、生活及生态系统平衡。

(3)对 PC 构件施工中产生的胶粘剂、稀释剂等易燃、易爆化学制品的废弃物应及时收集送至指定存储器内,严禁未经处理随意丢弃和堆放。施工现场要设置废弃物临时置放点,并指定专人管理。专人管理负责废弃物的分类、放置及管理工作,废弃物清运必须由合法的单位进行,运输符合规定要求。对于有毒有害废弃物,必须利用密闭容器装存。

(4)PC 外墙板内保温系统的材料,即采用粘贴板块或喷涂工艺的内保温,其组成材料应彼此相容,并应对人体和环境无害。内保温材料选择,应不牵涉放射性物质污染源。材料选择前,检查发射性指标,进场后,取样送样检测,合格后方能使用。

(5)在 PC 结构施工期间,应严格控制噪声,遵守《建筑施工场界环境噪声排放标准》(GB 12523—2011)的规定。噪声污染具有暂时性、局限性和分散性。《中华人民共和国环境噪声污染防治法》指出:在城市市区范围内向周围生活环境排放建筑施工噪声的,应当符合国家规定的建筑施工场界环境噪声排放标准。

(6)在夜间施工时,应避免光污染对周边居民的影响。建筑施工常见的光污染主要是可见光。夜间现场照明灯光、汽车前照灯光、电焊产生的强光等都是可见光污染。可见光的亮度过高或过低,对比过强或过弱时,都有损人体健康。

测一测

一、单选题

1. 在施工过程中针对不同工序(　　),是装配式建筑的最大优势。
   A. 组织跳跃施工
   B. 组织依次施工
   C. 组织穿插作业
   D. 冬期施工

2. 从狭义上理解和定义,装配式建筑是指(　　)。
   A. 在施工现场支模浇筑的建筑
   B. 用预制部品、部件通过可靠的连接方式在工地装配而成的建筑
   C. 民用建筑
   D. 超过 24 m 的建筑

3. 在国务院办公厅《关于大力发展装配式建筑的指导意见》的重点任务中提出强化建筑材料标准、部品部件标准、工程标准之间的(　　)。
   A. 衔接　　　　　B. 断开
   C. 分割　　　　　D. 分开

4. 住房和城乡建设部印发《关于进一步推进工程总承包发展的若干意见》中明确,"大力推进(　　),有利于提升项目可行性研究和初步设计深度,实现设计、采购、施工等各阶段工作的深度融合,提高工程建设水平"。
   A. 项目总承包　　　B. 施工总承包
   C. 工程分包　　　　D. 工程总承包

5. 预制混凝土夹心保温外墙板构件不包含(　　)。
   A. 外叶墙　　　　　B. 保温层
   C. 内叶墙　　　　　D. 内墙装饰

6. 剖面图的剖切符号,采用常用表示方法时,应该由( )组成。
   A. 横线和数字
   B. 竖线和数字
   C. 剖切位置线和剖视方向线
   D. 剖切横向线和剖切竖向线

7. 室内装修宜采用工业化构配件(部品)组装,从而( )。
   A. 减少施工现场湿作业
   B. 加大施工难度
   C. 减少施工现场干作业
   D. 增加施工作业人员

8. 预制构件模具组装前,模具组装人员应对( )等进行检查,确定其是否齐全。
   A. 组装场地　　　B. 模具配件　　　C. 钢筋　　　D. 起吊设备

9. 预制混凝土夹心保温外墙板构件采用平模工艺生产时,构件需要( )次浇筑成型。
   A. 1　　　　　　B. 2　　　　　　C. 3　　　　　　D. 4

10. 预制构件生产时,涂刷缓凝剂的作用是( )。
    A. 便于脱模
    B. 提高构件强度
    C. 保证构件粗糙面形成
    D. 清理模具

二、判断题

1. 装配式建筑产业基地优先享受住房和城乡建设部和所在地住房城乡建设管理部门的相关支持政策。( )

2. 装配式建筑项目可采用"设计—采购—施工"(EPC)总承包或"设计—施工"(D—B)总承包等工程项目管理模式。政府投资工程应带头采用工程总承包模式。( )

3. 装配整体式混凝土结构建筑室内装修施工应编制专项施工方案,采用主体结构与室内装修、设备管线一体化设计,并具有专业化施工队伍。( )

4. 当施工过程中灌浆料抗压强度、灌浆质量不符合要求时,施工单位可自行处理,不需要经设计、监理单位认可。( )

5. 装配式混凝土建筑应将结构系统、外围护系统、设备与管线系统、内装系统集成,实现建筑功能完整、性能优良。( )

6. 工人应穿劳保鞋进行装配式构件生产工作。( )

7. 预制构件钢筋垫块的摆放间距不宜小于300 mm,且不宜大于800 mm。( )

8. 预制墙板吊装前,需要用钢刷对预埋钢筋进行垂直度校正。( )

9. 套筒在灌浆前，应用水管从套筒的灌浆孔进行浇水湿润。（   ）

10. 灌浆料在使用前必须进行流动度测试，保证流动度在 500 mm 及以上。（   ）

三、填空题

1. PC 项目的装饰内容和装饰做法包括_____、_____、_____、_____和_____。

2. 根据《建筑工程施工质量验收统一标准》(GB 50300—2013)的规定，PC 结构质量验收按_____、_____、_____、_____的顺序进行划分。

3. PC 项目施工过程大体上包括_____、_____、_____、_____、_____和_____。

四、简答题

1. 预制构件常见的质量通病及具体表现有哪些？

2. 图 4.72 所示的预制构件的吊点该如何设置，在设置吊点时还应考虑什么因素？

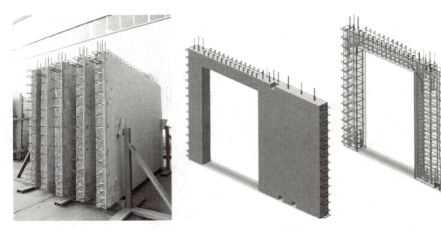

图 4.72　预制构件

3. 预制构件安装的顺序是什么？在安装预制柱时应该注意什么？

4. 管线敷设与安装有哪些注意事项？

5. 简述 PC 装饰相较于其他装饰材料的优点。

6. 预制构件常见的产品保护措施有哪些？

7. 作为一名监理工程师，在现场验收 PC 构件时，应该注意哪几个方面的问题？

8. 假如你是一名安全员，简述在预制装配式住宅施工阶段，应该注意的施工安全事宜。

学习笔记

项目5　某项目装配式混凝土结构专项施工方案

目　录

第一部分　工程概况及执行标准、规范
　1.1　工程概况
　1.2　执行标准及规范
第二部分　施工准备
　2.1　技术准备
　2.2　材料准备
　2.3　机具准备
　2.4　作业条件
第三部分　主要施工难点分析
　3.1　预制构件的运输
　3.2　预制构件的存放
　3.3　预制构件的安装
　3.4　预制构件的连接
　3.5　预制构件的成品保护
第四部分　工期保证措施
　4.1　进度计划总体安排
　4.2　工期保证措施
　4.3　实行以总体施工进度计划为核心的计划管理
　4.4　参与项目各单位之间的配合
第五部分　质量保证措施
　5.1　本工程质量目标
　5.2　组织保证措施
　5.3　施工过程的质量保证措施

第一部分　工程概况及执行标准、规范

1.1　工程概况

1.1.1　工程地点：××市。

1.1.2　招标范围：本项目的勘察、设计、施工直至竣工验收合格及整体移交、工程保修期内的缺陷修复和保修工作，具体工作内容详见本次招标文件及报价总说明。

1.1.3　建设规模及内容：项目用地总规模约 12.6 公顷，总建筑面积约为 76 900 m^2，其中地上建筑面积约为 70 000 m^2，地下建筑面积约为 6 900 m^2，并配套实施室外总平工程。

1.1.4　标段划分：本次招标分为一个标段，分别为勘察－设计－施工总承包（EPC）标段。

1.1.5　勘察设计施工总工期：600 日历天。

1.1.6　质量标准：

1.1.6.1　勘察要求的质量标准：符合现行国家的勘察相关标准、规范的规定，并满足设计要求；

1.1.6.2　设计要求的质量标准：符合现行国家的设计相关标准、规范的规定，并满足施工要求；

1.1.6.3　施工要求的质量标准：符合国家工程施工质量验收规范，工程施工质量一次性验收合格。

1.2　执行标准及规范

《混凝土结构工程施工质量验收规范》（GB 50204—2015）

《砌体结构工程施工质量验收规范》（GB 50203—2011）

《木结构工程施工质量验收规范》（GB 50206—2012）

《屋面工程质量验收规范》（GB 50207—2012）

《地下防水工程质量验收规范》（GB 50208—2011）

《建筑地面工程施工质量验收规范》（GB 50209—2010）

《建筑装饰装修工程质量验收标准》（GB 50210—2018）

《建筑给水排水及采暖工程施工质量验收规范》（GB 50242—2002）

《通风与空调工程施工质量验收规范》（GB 50243—2016）

《建筑电气工程施工质量验收规范》(GB 50303—2015)

《建筑施工测量标准》(JGJ/T 408—2017)

《建筑施工脚手架安全技术统一标准》(GB 51210—2016)

《装配式混凝土建筑技术标准》(GB/T 51231—2016)

《钢结构用高强度大六角头螺栓、大六角螺母、垫圈技术条件》(GB/T 1231—2006)

《气焊、焊条电弧焊、气体保护焊和高能束焊的推荐坡口》(GB/T 985.1—2008)

《埋弧焊的推荐坡口》(GB/T 985.2—2008)

《多、高层民用建筑钢结构节点构造详图》(16G519)

《钢结构工程施工质量验收标准》(GB 50205—2020)

《焊接无损检测 超声检测 技术、检测等级和评定》(GB/T 11345—2013)

第二部分 施工准备

2.1 技术准备

2.1.1 开始施工前,应具备结构设计图、建筑图、相关基础图、钢结构施工总图、各分部工程施工详图(二次深化设计节点详图)及其他有关图纸等技术文件。

2.1.2 全程安排地勘、设计、施工等主要技术人员参与图纸二次深化设计的节点布置,具体应该充分考虑梁柱的连接方式、位置;主梁与主梁连接方式、位置;主梁与次梁连接方式、位置等。

2.1.3 积极参加图纸会审,与业主、设计单位、监理充分沟通,确定施工图纸、二次深化设计图纸等与其他专业工程设计文件无矛盾;与其他专业工程配合施工程序合理;满足业主使用要求及建设意图。

2.1.4 编制详细的施工组织设计,分项作业指导书。施工组织设计包括工程概况及特点说明、工程量清单、现场平面布置、能源、道路及临时建筑设施等的规划、主要施工机械和吊装方法、施工技术措施及降低成本计划、专项施工方案、劳动组织及用工计划、工程质量标准、安全及环境保护、主要资源表等。其中,吊装主要机械选型及平面布置是吊装重点。分项作业指导书可以细化为作业卡,主要用于使作业人员明确相应工序的操作步骤、质量标准、施工工具和检测内容、检测标准。

2.1.5 依承接工程的具体情况,确定构件进场检验内容与适用标准,以及构件安装检验批划分、检验内容、检验标准、检测方法、检验工具,在遵循国家标准的基础上,参照部标、地标或其他权威认可的标准,确定后在工程中使用。

2.1.6 组织必要的工艺试验,如焊接工艺试验、压型钢板施工及栓钉焊接检测工艺试验。根据结构深化图纸,验算结构框架安装时构件的受力情况,科学地预计其可能的变形情况,并采取相应合理的技术措施来保证构件安装的顺利进行。

2.1.7 与工程所在地的相关部门,如治安、交通、绿化、环保、文保、电力进行协调等,并到当地的气象部门了解以往年份的气象资料,做好防风、防洪、防汛、防高温等措施。

2.2 材料准备

2.2.1 根据该项目的特点,既有混凝土装配式,也有钢结构装配式,对原材料的检验就成了很关键的工作。该项目的所有材料必须符合现行国家产品标准和设计要求,如焊接材料、高强度螺栓、压型钢板、栓钉等。

2.2.2 构配件进场时必须随车携带有效的合格证、质量证明文件,预制混凝土构件进场时还应该携带相应的检验批及隐蔽验收记录等质量文件,同时提供验收规范需要提供的其他文件。

2.3 机具准备

机具准备见表5.1。

表5.1 机具准备

序号	机具名称	型号	数量
1	汽车式起重机	QY25	6
2	交直流电焊机	WS－315A	8
3	CO_2气体保护焊机	NBC－250F	2
4	角向磨光机	S1M－HW3－100	5
5	超声波探伤仪	CTD290	3
6	葫芦	2～5 t	6
7	经纬仪	DT－02	2
8	水准仪	DS－32	2
9	全站仪	GTS332	1

2.4 作业条件

2.4.1 各类设计图会审完毕。

2.4.2 根据结构深化图纸,验算安装结构框架时构件的受力情况,科学地预计其可能的变形情况,并采取相应合理的技术措施来保证安装的顺利进行。

2.4.3 各专项工种施工方案审核完成。

2.4.4 钢筋混凝土基础完成,并经验收合格。

2.4.5 施工临时用电、用水铺设到位。

2.4.6 劳动力进场。

2.4.7 施工机具安装调试验收合格。

2.4.8 构件进厂验收检查合格。

第三部分　主要施工难点分析

本项目有混凝土装配式与钢结构装配式两种结构形式，施工方法与执行标准截然不同，由于钢结构装配式施工技术相对成熟、安装运输条件相对较好，故在此只对混凝土装配式施工难点进行分析。该项目的安装施工难点主要有构件运输、构件的存放、构件的安装施工、预制构件的连接及构件的成品保护等。

3.1 预制构件的运输

3.1.1 在预制构件运输过程中应做好安全和成品保护，应根据预制构件采取可靠的固定措施。

3.1.2 对于超高、超宽、形状特别巨大的预制构件运输和存放应制定专门的质量安全保证措施。

3.1.3 运输时应采取以下防护措施：

1. 设置柔性垫片，避免预制构件边角部位或链索接触处的混凝土受到损伤。

2. 用塑料薄膜包裹垫块，避免预制构件外观污染。

3. 墙板门窗框、装饰表面和棱角采用塑料贴膜或其他措施防护。

4. 竖向薄壁构件设置临时防护支架。

5. 装箱运输时，箱内四周采用木材或柔性垫片填实，支撑牢固（图5.1）。

3.1.4 根据构件的特点采用不同的运输方式，对托架、靠放架、插放架应进行专门设计，并对强度、稳定性和刚度进行验算。

1. 对外墙板宜采用直立式运输，外饰面层应朝外；对梁、板、楼梯、阳台宜采用水平运输。

图 5.1　预制构件的运输

2. 采用靠放架式运输时，预制构件的外饰面与地面倾斜角宜大于80°，构件应对称靠放，每侧不大于2层，构件层间上部用木垫块隔离。

3. 采用插放架直立运输时，应采取防止构件倾倒的措施，应在构件之间设置隔离垫块。

4. 水平运输时，预制梁、柱构件叠放不宜超过3层，板类构件叠放不宜超过6层。

3.2 预制构件的存放

3.2.1 存放场地应平整、坚实，并应有排水措施。

3.2.2 存放库区宜实行分区管理和信息化台账管理。

3.2.3 应按照产品品种、规格型号、检验状态分类存放，产品标示应明确、耐久，预埋吊件应朝上，标示应朝外。

3.2.4 应合理设置垫块支点位置，确保预制构件存放稳定，支点宜与起吊位置一致。

3.2.5 与清水混凝土面接触的垫块应采取防污染措施。

3.2.6 预制构件多层叠放时，每层构件之间的垫块应上下对齐；预制楼板、叠合板、阳台板和空调板等构件宜平放，叠放层数不宜超过6层；长期存放时，应采取措施控制预应力构件的起拱值和叠合板翘曲变形。

3.2.7 预制柱、梁等细长构件宜平放且用两条垫木支撑。

3.2.8 预制内外墙板、挂板宜采用专用支架直立存放，支架应有足够的强度和刚度。对薄弱构件、构件薄弱部位和门窗洞口应采取防止变形开裂的临时加固措施(图5.2～图5.5)。

图5.2 叠合板存放

图5.3 外墙板直立存放

图5.4 预制楼梯水平存放

图5.5 预制阳台、飘窗板水平存放

3.3 预制构件的安装施工

3.3.1 施工准备

1. 装配式混凝土结构施工应制定专项方案。专项施工方案应包括工程概况、编制依据、进度加护、施工场地布置、预制构件运输及存放、安装与连接施工、绿色施工、安全管理、质量管理、信息化管理、应急预案等内容。

2. 预制安装构件、安装用材料及配件等应符合现行国家有关标准及产品应用技术手册的规定，并应按照现行国家相关标准的规定进行进场验收。

3. 施工现场应根据施工平面规划设置运输通道和存放场地，并应做到现场运输道路和存放场地坚实平整，有排水措施；施工现场内道路应按照构件运输车辆的要求合理设置转弯半径及道路坡度；构件运送到存放场地后应符合构件存放相关规定。

4. 安装施工前，应进行测量放线，设置构件安装定位标识。测量放线应符合现行国家标准《工程测量标准》(GB 50026—2020)的相关规定。

5. 安装施工前，应核对已施工完成结构、基础的外观质量和尺寸偏差，确认混凝土的强度和预留预埋件符合设计要求，并应核对预制构件的混凝土强度及预制构件和配件的型号、规格、数量等符合设计要求。

6. 安装施工前，应复核吊装设备的吊装能力，应按现行行业标准《建筑机械使用安全技术规程》(JGJ 33—2012)的有关规定，检查复核吊装设备及吊具处于安全操作状态，并核实现场环境、天气、道路状况等满足吊装施工要求。

7. 高空作业人员应正确使用安全防护用品，宜采用工具式操作架进行安装作业。

3.3.2 预制构件安装

1. 应根据当天的作业内容进行班前安全技术交底。

2. 预制构件应按照吊装顺序预选编号，吊装时严格按编号顺序起吊。

3. 预制构件在吊装过程中，应设置缆风绳控制构件转动。

4. 应根据预制构件的形状、尺寸、质量和作业半径等要求选择吊具和起重设备，所采用的吊具和起重设备及其操作应符合国家现行有关标准及产品应用技术手册的规定。

5. 吊点数量、位置应经计算确定，应保证吊具连接可靠，应采取措施保证起重设备的主钩位置、吊具及构件重心在竖直的方向上重合。

6. 吊索水平夹角不宜小于60°，不应小于45°。

7. 应采取慢起、稳升、缓放的操作模式，吊运过程应保持稳定，不得偏斜、摇摆和扭转，严禁吊装构件长时间悬停在空中，如图5.6所示。

8. 吊装大型构件、薄壁构件或形状复杂的构件时，应使用分配梁或分配桁架类的吊具，并应采取避免构件变形和损伤的临时加固措施。

图 5.6　预制墙板两点吊装

3.3.3　预制构件吊装就位后应及时校准并采取临时固定措施。

1. 预制墙板、预制柱等竖向构件安装后，应对安装位置、安装标高、垂直度进行校核与调整，预制墙体安装位置校核如图 5.7 所示。

2. 叠合构件、预制梁等水平构件安装后应对安装位置、安装标高进行校核与调整。

3. 水平构件安装后，应对相邻预制构件平整度、高低差、拼缝尺寸进行校核与调整。

4. 装饰类构件应对装饰面的完整性进行校核与调整。

5. 临时固定措施、临时支撑系统应具有足够的强度、刚度和整体稳定性，应按现行国家标准《混凝土结构工程施工规范》(GB 50666—2011)的有关规定进行验算，预制墙体临时支撑安装如图 5.8 所示。

图 5.7　预制墙体安装位置校核

图 5.8　预制墙体临时支撑安装

3.3.4　预制构件与吊具的分离应在校准定位及临时支撑安装完成后进行。

3.3.5　竖向预制构件安装采用临时支撑时，应符合下列规定：

1. 预制构件的临时支撑不宜少于 2 道。

2. 对预制柱、墙板构件的上部斜支撑，其支撑点距离板底的距离不宜小于构件高度的2/3，且不应小于构件高度的1/2，斜支撑应与构件可靠连接。

3. 构件安装就位后，可通过临时支撑对构件的位置和垂直度进行微调。

3.3.6 水平预制构件安装采用临时支撑时，应符合下列规定：

1. 首层支撑架体的地基应平整坚实，宜采取硬化措施。

2. 临时支撑的间距及其与墙、柱、梁的净距应经设计计算确定，竖向连续支撑的层数不宜少于2层且上、下层支撑宜对准。

3. 叠合板预制底板下部支撑宜选用定型独立钢支柱，对竖向支撑的间距应经计算后确定。

3.3.7 预制柱安装应符合下列规定：

1. 宜按照角柱、边柱、中柱顺序进行安装，与现浇部分连接的宜先行吊装。

2. 预制柱的就位以轴线和外轮廓线为控制线，对于边柱和角柱，应以外轮廓线控制为准。

3. 就位前应设置柱底调平装置，控制柱安装标高。

4. 预制柱安装就位后应在两个反方向设置可调节临时固定措施，并应进行垂直度、扭转调整。

5. 采用灌浆套筒连接的预制柱调整就位后，柱脚连接部位宜采用模板封堵。

3.3.8 预制剪力墙板安装应符合下列规定：

1. 与现浇部分连接的墙板宜先行吊装，其他宜按照"先外后内"的原则进行吊装。

2. 就位前应在墙板底部设置调平装置。

3. 采用灌浆套筒连接、浆锚搭接连接的夹心保温外墙板应在保温材料部位采用弹性密封材料进行封堵。

4. 采用灌浆套筒连接、浆锚搭接连接的墙板需要分仓灌浆时，应采用坐浆料进行分仓；多层剪力墙采用坐浆时应均匀铺设坐浆料；坐浆料强度应符合设计要求。

5. 墙板以轴线或轮廓线为控制线，外墙应以轴线和外轮廓进行双控制。

6. 安装就位后应设置可调斜支撑临时固定，测量预制墙板的水平位置、垂直度、高度等，通过墙底垫片、临时支撑进行调整。

7. 预制墙板调整就位后，对墙底部连接部位应采用模板进行封堵。

8. 叠合墙板安装就位后在叠合墙板拼缝处进行附加钢筋安装，附加钢筋应与现浇段钢筋网交叉点全部绑扎牢固。

3.3.9 预制梁或叠合梁安装应符合下列规定：

1. 安装顺序宜遵循先主梁后次梁，先低后高的原则。

2. 安装前，应测量并修正临时支撑标高，确保与梁底标高一致，并在柱子上弹出梁边控制线；安装后，根据控制线进行精密调整。

3. 安装前，应符合柱钢筋与梁钢筋位置、尺寸，对梁钢筋与柱钢筋位置有冲突的，应按照设计单位确认的技术方案调整。

4. 安装时梁伸入支座长度与搁支长度应符合设计要求。

5. 安装就位后应对水平度、安装位置、标高进行检查。

6. 叠合梁临时支撑应在后浇混凝土强度达到设计要求后拆除(图5.9)。

图5.9 预制叠合梁两点吊装进行安装

3.3.10 叠合板预制底板安装应符合下列规定：

1. 预制底板吊装完成后，应对底板接缝高差进行校核；当叠合板预制底板接缝高差无法满足设计要求时，应将构件重新起吊，并通过可调支座进行调节。

2. 预制底板的接缝宽度应满足设计要求。

3. 临时支撑应在后浇带混凝土强度达到设计要求后拆除(图5.10)。

图5.10 预制叠合板多点吊装进行安装

3.3.11 预制楼梯安装应符合以下规定：

1. 安装前，应检查楼梯构件平面定位及标高，并宜设置调平装置。

2. 就位后，应及时调整并固定(图5.11)。

图 5.11 预制楼梯两点吊装进行安装

3.3.12 预制阳台板、空调板安装应符合下列规定：

1. 安装前，应检查支座顶面标高及支撑面的平整度。
2. 临时支撑应在后浇混凝土强度达到设计要求后拆除。

3.4 预制构件的连接

3.4.1 模板工程、钢筋工程、预应力工程、混凝土工程要同时满足现行国家标准《混凝土结构工程施工规范》(GB 50666—2011)、《钢筋套筒灌浆连接应用技术规程》(JGJ 355—2015)等的有关规定，当采用自密实混凝土时，还应符合现行行业标准《自密实混凝土应用技术规程》(JGJ/T 283—2012)的有关规定。

3.4.2 采用钢筋套筒灌浆连接、钢筋浆锚搭接连接的预制构件施工，应符合以下规定：

1. 对现浇混凝土中伸出的钢筋应采用专用模具进行定位，并应采用可靠的固定措施控制连接钢筋的中心位置及外露长度满足设计要求。
2. 构件安装前，应检查预制构件上套筒、预留孔的规格、位置、数量和深度，当套筒、预留孔内有杂物时，应清理干净。
3. 应检查被连接钢筋的规格、数量、位置和长度。当连接钢筋倾斜时应进行校直；但钢筋偏离套筒或空洞中心线不宜超过 3 mm，连接钢筋中心位置存在严重偏差影响预制构件安装时，应会同设计单位制定专项处理方案，严禁随意切割、强行调整定位钢筋。

3.4.3 钢筋套筒灌浆连接接头应按检验批划分要求及时进行灌浆，灌浆作业应符合现行行业标准《钢筋套筒灌浆连接应用技术规程》(JGJ 355—2015)的有关规定。钢筋连接采用螺栓孔注浆施工如图 5.12 所示。

图 5.12 钢筋连接采用螺栓孔注浆施工

3.4.4 钢筋机械连接的施工应符合现行行业标准《钢筋机械连接技术规程》(JGJ 107—2016)的有关规定。

3.4.5 焊接或螺栓连接的施工应符合现行国家标准《钢结构焊接规范》(GB 50661—2011)、《钢结构工程施工规范》(GB 50755—2012)等的有关规定,采用焊接连接时,应采取避免损伤已施工完成的结构、预制构件及配件的措施。

3.5 成品保护

3.5.1 预制构件成品应符合以下规定:

1. 预制构件成品外露保温板应采取防止开裂措施,外露钢筋应采取防弯折措施,外露预埋件和连接件等外露金属件应按不同环境类别进行防护或防腐、防锈。
2. 采取保证吊装前预埋螺栓孔清洁的措施。
3. 钢筋连接套筒、预埋空洞应采取防止堵塞的临时封堵措施。
4. 露骨料粗糙面冲洗完成后,应对灌浆套筒的灌浆孔和出浆孔进行透光检查,并清理灌浆套筒内的杂物。
5. 对于冬季生产和存放的预制构件的非贯穿孔洞应采取措施以防止雨雪水进入发生冻胀损坏。

3.5.2 预制构件在运输过程中应做好安全和成品防护,并应符合下列规定:

1. 应根据预制构件种类采取可靠的固定措施。
2. 对于超高、超宽、形状特殊的大型预制构件的运输和存放应制定专门的质量安全保证措施。
3. 运输时要采取以下防护措施:
(1)设置柔性垫片,避免预制构件边角部位或链索接触处的混凝土损伤。
(2)用塑料薄膜包裹垫块,避免预制构件外观污染。
(3)墙板门窗框、装饰表面和棱角采用塑料贴膜或其他措施防护。
(4)竖向薄壁构件设置临时防护支架。
(5)装箱运输时,箱内四周采用木材和柔性垫片填实、支撑牢固。
4. 应根据构件特点采用不同的运输方式,对托架、靠放架、插放架应进行专门设计,并对强度、稳定性和刚度进行验算。
(1)对外墙板宜采用直立式运输,外饰面层应朝外;对梁、板、楼梯、阳台宜采用水平运输。
(2)采用靠放架立式运输,预制构件的外饰面与地面倾角宜大于80°,构件应对称靠放,每层不大于2层,构件层间上部采用垫块隔开。
(3)采用插放架直立运输时,应采取防止构件倾倒的措施,应在构件之间设置隔离垫块。
(4)水平运输时,预制梁、柱构件叠放不宜超过3层,板类构件叠放不宜超过6层。

3.5.3 安装施工时的成品保护应符合以下规定：

1. 交叉作业时，应做好工序交接，不得对已完成工序的成品、半成品造成破坏。

2. 在装配式混凝土建筑施工全过程中，应采取防止构件、部品及预制构件上的建筑附件、预埋铁、预埋吊件等损伤或污染的保护措施。

3. 预制构件上的饰面砖、石材、涂刷、门窗等处宜采用贴膜保护或其他专业材料保护。安装完成后，门窗框应采用槽型木框保护。

4. 连接止水条、高低口、墙体转角等薄弱部位，应采用定型保护垫块或专用套件做加强保护。

5. 预制楼梯饰面层应采用铺设木板或其他覆盖形式的成品保护措施，楼梯安装结束后，踏步口宜铺设木条或其他覆盖形式保护。

6. 遇有大风、大雨、大雪等恶劣天气时，应采取有效措施对存放预制构件成品进行保护。

7. 装配式混凝土建筑的预制构件和部品在安装施工过程、施工完成后不应受到施工机具的碰撞。

8. 施工梯架、工程用的物料等不得支撑、顶压或斜靠在部品上。

9. 当进行混凝土地面等施工时，应防止物料污染、损坏预制构件和部品表面。

第四部分　工期保证措施

4.1　进度计划总体安排

勘察设计施工总工期为 600 日历天。我公司挑选管理经验丰富、技术水平高、责任心强的优秀管理人员组建工程项目部，从组织上确保严格按照本施工组织设计制定的各项技术要求，对本工程实施科学规范化的项目管理，加强对施工过程的质量预控工作。公司将本工程列为创优质重点工程，从技术管理、施工力量、机械配置、材料供应、资金调度等方面，全方位对本工程给予支持。由公司技术部、质安部派专人对本工程施工的全过程实施管理和监控，以确保本工程按合同如期竣工，验收一次达标。

4.2　工期保证措施

根据本工程的实际特点，单体项目有 13 个之多，这样就为施工过程中抢工期创造了条件。为了保证在合理工期内顺利完成施工任务，公司项目部拟采取以下措施：

在保证工程质量的前提下,确保工程按合同工期竣工,加强各专业的交叉配合,合理安排好各专业的流水施工,采用以下工期保证措施:

1. 施工准备(本项目的勘察、设计阶段根据现场的实际情况尽快进场进行勘察设计,待勘察结果出台后根据初步设计文件就可以进行建筑物的结构设计,只要结构设计深度足够、进度不影响现场施工就可以进行施工准备):

(1)向业主、监理提交施工组织设计等必要的开工前资料。

(2)施工人员(包括管理人员、执行人员和试验、检验人员)准备。

(3)施工机具进场准备。

(4)施工物资采购计划准备。

(5)质量检查三级检查点的确认。

(6)规范、标准和有关施工资料的准备。

(7)技术方案和技术措施编制、批准。

(8)图纸会审和技术交底。

(9)向业主提交开工报告。

2. 施工阶段措施:根据本工程特点,制定各阶段保证工期的主要措施。

(1)土建(基础)施工阶段:土建施工(基础)阶段,尤其是两个地下室的施工将是该项目施工最关键、最重要的阶段。这个阶段工程的快慢和工程质量直接影响整个工程的进度与质量。

(2)混凝土构件预制及钢构件制造阶段(该阶段前面还有施工图的深化阶段):该阶段只要结构设计图纸完成一定深度,无论是混凝土预制工厂还是钢结构制造基地都可以先进行图纸的深化设计,或边深化设计边预制加工。该阶段在整个工期中处于很关键的地位,不受天气影响,也不受环境影响,可以采取"三班倒"来抓紧时间实施,为后面的吊装施工创造有利条件。

(3)现场构件吊(安)装阶段:该阶段受安全因素、天气、周围环境影响较大,在确保质量的前提下合理组织,提前与预制厂沟通构件的加工顺序及运输顺序是能否保证按期完工的前提条件。所以,项目部会成立以项目经理为首的协调沟通小组,做到"提前安排、及时沟通、合理组织、有序推进",以确保运到现场的构件能及时吊装就位,以及现场机械、人力的"张弛有度",该工作机制会一直保持到项目竣工验收结束。

(4)水电安装、初装、精装阶段:水电安装班组会及时跟踪现场进度,确保预埋、穿线不影响其他后续班组的施工;初装、精装班组根据施工图纸要求,提前组织人员进场,准备装饰材料供应,在合理的工期内争取提前完成装饰阶段的工期任务。在总体施工进度计划安排的时间内完成主要的土建施工,以确保安装工程按计划顺利展开,然后配合安装平行施工和扫尾。

(5)室外设施:该项目室外设施主要有道路、雨水、污水、弱电、强电、路灯、绿化、消防、交通标识等设施,这些项目也是影响工期的关键项目,为了能顺利完成项目的施工任务,项目部采取"适当提前介入,小交叉大配合"的施工做法,必要单项工程在不影响其他项目施工的情况下适当提前进场,进行提前小面积的交叉作业,但是总的作业面会是忙而不乱积极抢工期的场面。

4.3 实行以总体施工进度计划为核心的计划管理

4.3.1 总体施工进度计划是计划管理的核心,必须充分运用系统工程原理和统筹网络技术,借助计算机手段,进行多层次、全方位的动态计划管理。

4.3.2 在总体施工进度计划的指导下,实行月/周滚动计划等多层次的动态计划管理体系,并通过现场实际执行情况的信息反馈,定期召开不同层次的协调会和不定期的专题协调会来纠正执行计划过程中出现的偏差,确保总体施工进度计划的实现。

1. 月度滚动计划是根据总体施工进度计划、年度施工计划、业主要求、现场条件(如图纸资料,设备材料到货情况)等实事求是进行编制。

2. 周滚动计划是根据月度滚动计划、业主要求、现场条件(如图纸资料,设备材料到货情况)等实事求是进行编制。

4.4 参与项目各单位之间配合措施

4.4.1 装饰施工配合

本工程的装饰工程主要是内、外墙的墙面抹面和涂料及建筑物卫生间的装修。在砌筑砖砌体时,内、外脚手架的搭设应考虑墙体抹面和涂料施工时的使用。砖砌体砌筑时,要按照施工图的要求,埋设电气和给水排水的预埋件。在墙体抹面时,要检查所有预埋件的位置,并应保护预埋件位置的正确性。在墙体抹面之前,应先做完楼地坪的面层,这样可保证墙体抹面的质量。如果地坪面层不便先做,可将墙体距离地面1 m高的抹面层保留,待地面施工完毕之后再抹面。在进行墙面和顶棚的涂料工作时,应派专人检查设备、管道、仪器、仪表及其他物品的遮覆情况,以保证进行涂料工作时,不会污染其他物品。若在施工中,沾染了其他物品,应及时地组织人员进行清理。在墙面涂料工作结束后,应注意保护墙面的涂料成果。

4.4.2 土建与安装配合

1. 安装要配合土建施工做好预留预埋工作,同时,土建也要配合安装在现场管理、施工程序、工期措施、质量控制等方面的衔接,确保整个工程项目按期交付使用。

2. 土建技术管理工作人员必须与安装技术人员紧密配合,核对图纸,明确管线走向,坐标位置,以防错、漏造成返工损失。

3. 进行基础、主体结构施工时,安装应配合做好预留预埋,铺好现浇底板筋,待安装预埋后,再铺负筋。进入全面砌筑和装饰时,安装应定员配合土建按设计图纸预留安装孔洞、槽。施工必须严格按工艺约束程序作业。

4. 教育全体施工人员,加强成品保护意识,安装事先做好预留预埋,避免打洞,土建要配合安装做好隐蔽的预留预埋、产品的保护。

5. 土建交安装施工时，除尽快提供给安装工作面外，应将标高水平控制基准线弹在墙或柱上，明确轴线及水平线标高，以利于安装顺利进行。

6. 土建应配合安装抓好竣工收尾的管理。

第五部分 质量保证措施

5.1 本工程质量目标

合格。

5.2 组织保证措施

5.2.1 为实现本工程的质量目标，建立完善的质量保证体系，并认真贯彻执行 ISO9001 质量体系系列程序文件，实施一系列管理措施。进行全员质量意识教育，树立"质量就是生命、责任重于泰山"的思想。

5.2.2 实现质量责任制度，层层落实质量责任，形成经理部、工程处、班组三级质量管理网络。

5.2.3 建立工程 QC 小组，积极开展全面质量管理活动，对复杂的施工工序开展 QC 小组攻关，通过 PDCA（计划、实施、检查、处理）循环不断提高质量。

5.2.4 质量管理制度

1. 技术交底制度：坚持以技术进步来保证施工质量的原则。技术部门编制有针对性的施工组织设计，积极采用新工艺、新技术，针对特殊工序要编制有针对性的作业指导书（如混凝土构件预拼装）。每个工种、每道工序施工前都要组织进行各级技术交底，包括专业工程师对工长的技术交底，工长对班组的技术交底，班组长对作业班组的技术交底。各级交底要以书面形式进行。因技术措施不当或交底不清而造成质量事故的要追究有关部门和人员责任。

2. 材料进场检验制度：本工程的钢筋、水泥及各类材料进场，均需具有出厂合格证，并根据国家规范要求分批量进行抽检，抽检不合格的材料一律不准使用。因使用不合格材料而造成的质量事故要追究验收人员的责任。

3. 施工挂牌制度：主要工种如钢筋、混凝土、模板、砌筑、抹灰及水电安装等，施工过程中在现场实行挂牌制度，注明管理者、操作者、施工日期。坚持图纸会审和技术交底制度，最大限度地把可能出现的问题解决在施工之前。

4. 精心编制施工组织设计、施工方案，并认真进行技术交底。严格审批制度，任何一项技术措施的出台都必须履行审批制度，符合审批程序。坚持样板引路制度，先做样板或先做试验，经验收合格后才能进行大面积施工。

5. 施工前工长必须进行技术、质量、安全的详细书面交底，由交底双方签字。关键过程、特殊过程的技术交底资料应经技术部负责人或项目总工程师审批。

5.3 施工过程的质量保证措施

5.3.1 钢筋半成品、钢筋网片、钢筋骨架和钢筋桁架应检查合格后才可进行安装，并应严格按照以下规定执行：

1. 钢筋表面不得有油污，不应严重锈蚀。
2. 钢筋网片和钢筋骨架应采用专用吊架进行吊运。
3. 混凝土保护层厚度应满足设计要求，保护层垫块宜与钢筋骨架或网片绑扎牢固，按梅花状布置，间距满足钢筋限位及控制变形要求，钢筋绑扎丝甩扣应弯向构件内侧。
4. 钢筋成品的尺寸应严格按照表 5.2 进行检查，符合要求后才可以进行下一道工序。

表 5.2 钢筋成品的允许偏差和检验方法

项目		允许偏差/mm	检验方法
钢筋网片	长、宽	±5	钢尺检查
	网眼尺寸	±10	钢尺量连续三挡，取最大值
	对角线	5	钢尺检查
	端头不齐	5	钢尺检查
钢筋骨架	长	0，−5	钢尺检查
	宽	±5	钢尺检查
	主筋间距	±10	钢尺量两端、中间各一点，取最大值
	主筋排距	±5	钢尺量两端、中间各一点，取最大值
	箍筋间距	±10	钢尺连续量三挡，取最大值
	弯起点位置	15	钢尺检查
	端头不齐	5	钢尺检查
	保护层 柱、梁	±5	钢尺检查
	保护层 板、墙	±3	钢尺检查

5.3.2 预制构件浇筑混凝土前应采取的保证质量措施：

1. 对钢筋的牌号、规格、数量、位置、间距等进行严格检查。

2. 检查纵向受力钢筋的连接方式、接头位置、接头质量、接头面积百分率、搭接长度、锚固方式及锚固长度。

3. 检查箍筋弯钩的弯折角度及平直段长度是否满足规范要求。

4. 检查钢筋的保护层厚度是否满足规范要求。

5. 预埋件、吊环、插筋、灌浆套筒、预留孔洞、金属波纹管的规格、数量、位置及固定措施是否符合设计要求。

6. 预埋线盒和管线的规格、数量、位置及固定措施是否满足验收规范。

7. 夹心外墙板的保温层位置和厚度、拉结件的规格、数量和位置是否符合设计要求。

8. 预留空道的规格、数量、位置、灌浆孔、排气孔、锚固区局部构造是否满足设计及规范要求。

5.3.3 预制构件出厂检验内容及要求

1. 型式检验。

（1）不同混凝土强度、规格、材料、工艺的预制构件每年应由国家、部、省主管部门认可的检测机构进行型式检验，提供检验合格报告。

（2）型式检验报告的内容应包括混凝土强度、外观质量、外形几何尺寸、耐久性能、耐火性能、钢筋保护层厚度等；对涉及结构安全的构件应进行承载力等结构性能检验；对外墙、屋面等有防水防渗要求的构件应进行抗渗性能检验；对于有保温隔热等要求的构件应按相关规范要求进行保温隔热性能等检验。

2. 结构性能检验。预制构件应依据《混凝土结构工程施工质量验收规范》（GB 50204—2015）等规范的相关要求进行结构性能检验，检验批未检验或检验不合格的预制构件不得出厂使用。当预制构件进场不做结构性能检验时，应按《混凝土结构工程施工质量验收规范》（GB 50204—2015）的要求进行驻厂监造或进场实体检验。

预制构件结构性能检验应按标准图或设计要求的试验参数实施。

3. 出厂检验。出厂检验由生产厂家专职质检人员等组织具体实施。

预制构件出厂前应进行混凝土强度、观感质量、外形尺寸、预埋件、钢筋位置安装偏差等检验，隐蔽工程检查验收记录应该齐全，其检验批的划分应符合方案及相应规范规定。

预制构件出厂检验观感质量不宜有一般缺陷，不应有严重缺陷。存在一般缺陷的构件，应按技术处理方案进行处理；存在严重缺陷的构件，一律不得出厂。

预制构件出厂的预留钢筋、连接件、预埋件和预留孔洞的规格、数量、位置等应符合设计要求，允许偏差应符合相应规范要求。

4. 信息化标识要求。预制构件生产单位应通过统一的信息系统制作带有唯一性识别码的芯片或二维码，出厂构件采用预埋芯片或粘贴二维码进行标识，芯片或二维码信息内容应包含工程名称、构件名、型号、生产单位、执行标准、制作浇筑日期、出厂日期、合格/修补状态、合格证号、质检人、生产负责人、驻厂监理人、验收及监管等。检验不合格、标识不全的产品不得出厂。

5.3.4 安装前的准备工作应做好以下工作：

1. 应编制施工组织设计和专项施工方案,包括安全、质量、环境保护方案及施工进度计划等内容。

2. 应对所有进场部品、零配件及辅助材料按设计规定的品种、规格、尺寸和外观要求进行检查。

3. 应进行技术交底。

4. 现场应具备安装条件,安装部位应清理干净。

5. 装配前应进行必要的测量放线工作。

5.3.5 装配式混凝土结构的尺寸偏差及检验方法应符合表 5.3 的规定。

表 5.3 装配式混凝土结构的尺寸偏差及检验方法

项目			允许偏差/mm	检验方法
构件中心线对轴线位置	基础		15	尺量
	竖向构件(柱、墙、桁架)		10	
	水平构件(梁、板)		5	
构件标高	梁、柱、墙、板底面或顶面		±5	水准仪仪或尺量
构件垂直度	柱、墙	<5 m	5	经纬仪或全站仪量
		≥5 m 且<10m	10	
		≥10m	20	
构架倾斜度	梁、桁架		5	垂线、钢尺量
相邻构件平整度	板墙面		5	钢尺和塞尺量测
	梁、板底面	抹灰	5	
		不抹灰	3	
	柱、墙侧面	外露	5	
		不外露	10	
构件搁支长度	梁、板		±10	尺量
支座、支垫中心	板、梁、柱、墙、桁架		10	尺量
墙板接缝	宽度		±5	尺量

5.3.6 后浇混凝土的施工应符合下列规定:

1. 预制构件结合面疏松部分的混凝土应剔除并清理干净。

2. 混凝土分层浇筑高度应符合现行国家有关标准的规定,并应在底层混凝土初凝前将上一层混凝土浇筑完毕。

3. 浇筑时应采取保证混凝土或砂浆密实的措施。

4. 预制梁、柱混凝土强度等级不同时,预制梁柱节点区混凝土强度等级应符合设计要求。

5. 混凝土浇筑前应布料均衡。浇筑和振捣时,应对模板及支架进行观察和维护,若发生异常情况应及时处理;构件接缝混凝土浇筑和振捣应采取措施防止模板、相连接构件、钢筋、预埋件移位。

学习笔记

参 考 文 献

[1] 郭学明. 装配式建筑概论[M]. 北京：机械工业出版社，2018.

[2] 叶明. 装配式建筑概论[M]. 北京：中国建筑工业出版社，2018.

[3] 张波. 建筑产业现代化概论[M]. 北京：北京理工大学出版社，2016.

[4] 仉振锴. 绿色装配式建筑产业发展分析[J]. 中国建筑金属结构，2021：18-19.

[5] 王晨光. 装配式建筑现状与发展对策分析[J]. 晋城职业技术学院学报，2020：24-26.

[6] 张蓓，魏晨光，许茜. 我国区域装配式建筑的产业现状及发展路径[J]. 南通职业大学学报，2020：97-100.

[7] 韩磊. 装配式建筑的应用与发展趋势探索[J]. 住宅与房地产，2019：1-3.

[8] 中国建筑标准设计研究院. 15G107－1 装配式混凝土结构表示方法及示例（剪力墙结构）[S]. 北京：中国计划出版社，2015.

[9] 中国建筑标准设计研究院. 15G365－1 预制混凝土剪力墙外墙板[S]. 北京：中国计划出版社，2015.

[10] 中国建筑标准设计研究院. 15G365－2 预制混凝土剪力墙内墙板[S]. 北京：中国计划出版社，2015.

[11] 范幸义，张勇一. 装配式建筑[M]. 2版. 重庆：重庆大学出版社，2019.

[12] 肖明和，苏洁. 装配式建筑混凝土构件生产[M]. 北京：中国建筑工业出版社，2018.

[13] 肖明和，张蓓. 装配式建筑施工技术[M]. 北京：中国建筑工业出版社，2018.

[14] 钟振宇，甘静艳. 装配式混凝土建筑施工[M]. 北京：科学出版社，2018.

[15] 王鑫，刘晓晨，李洪涛，等. 装配式混凝土建筑施工[M]. 重庆：重庆大学出版社，2018.

[16] 山东省住房和城乡建设厅，山东省质量技术监督局. DB37/T 5020－2014 装配整体式混凝土结构工程预制构件制作与验收规程[S]. 北京：中国建筑工业出版社，2014.

[17] 中华人民共和国住房和城乡建设部. JGJ 1－2014 装配式混凝土结构技术规程[S]. 北京：中国建筑工业出版社，2014.

[18] 中华人民共和国住房和城乡建设部住宅产业化促进中心. 装配整体式混凝土结构技术导则[M]. 北京：中国建筑工业出版社，2015.

[19] 装配式混凝土结构工程施工编委会. 装配式混凝土结构工程施工[M]. 北京：中国建筑工业出版社，2015.

[20] 中华人民共和国住房和城乡建设部，中华人民共和国国家质量监督检验检疫总局. GB

50204—2015 混凝土结构工程施工质量验收规范[S]. 北京：中国建筑工业出版社，2015.

[21] 山东省住房和城乡建设厅，山东省质量技术监督局. DB37/T 5019—2014 装配整体式混凝土结构工程施工与质量验收规程[S]. 北京：中国建筑工业出版社，2014.

[22] 北京市住房和城乡建设委员会. DB11/T 1030—2013 装配式混凝土结构工程施工与质量验收规程[S]. 北京市住房和城乡建设委员会，2013.

[23] 文林峰，等. 装配式混凝土结构技术体系和工程案例汇编[M]. 北京：中国建筑工业出版社，2017.